꽃을 피우는 흙

정원토양학

Original title: Soil Science for Gardeners by Robert Pavlis

꽃을 피우는 흙

정원토양학

로버트 파블리스 지음

박석곤 옮김

북스힐

역자 서문

농업과 달리, 정원과 조경에서의 토양은 땅속 보이지 않는 곳이라 별로 신경 쓰지 않았다. 오로지 식물을 심어 경관을 채우고 꾸미는 데 주력했다. 아직도 정원과 조경에서는 토양의 중요성이 공론화되지 않고, 토양의 다양한 문제와 대응 지식이 체계화되지 않고 있다. 이제 아름다운 정원을 가꾸고, 건강한 식물을 키우기 위해 정원사들은 토양의 기초 개념과 토양문제 해결법을 마땅히 알아야 할 때다.

식물은 생물체며 계속 자라므로 생육공간에 일정한 환경조건과 생육기반이 있어야 한다. 특히 식물과 토양은 떼놓을 수 없는 관계에 있다. 식물을 돌보는 진정한 주체는 토양이기 때문이다. 이런 이해가 있을 때 비로소 아름다운 정원 가꾸기와 더 나아가 쾌적한 환경 조성이라는 정원사 본연의 목적을 달성할 수 있다.

지금까지 국내에는 정원토양의 개념과 원리를 쉽게 설명한 대중서가 없었다. 2020년 미국에서 발간된 이 원서(원서명: Soil science for gardeners)가 눈에 들어와 우리말로 출판하게 되었다. 이 책의 저자인 로버트 파블리스(Robert Pavlis)는 45년 이상 정원을 가꾼 정원사이다. 어느 토양학자보다 토양을 통찰력 있게 해석하고, 우리를 토양의 지하 세계로 안내해 준다.

이 책은 일반인들에게 정원토양의 지식과 정보를 쉽고 정확하게 전달하는 데 있다. 따라서 원서에서 어렵게 느낄 수 있는 용어와 개념에 대해 주석을 달고, 뒤쪽에 용어해설을 보태어 독자들의 이해력을 높이고자 역자는 노력했다. 본문을 읽다가 어려운 용어는 주석과 뒤쪽의 용어해설을 참조하고, 혹시 필요하다면 인터넷의 백과사전을 찾아보길 권한다. 자주 나오는 토양용어를 암기하면 토양의 세계를 더 깊고 넓게 이해할 것이다. 이 책이 여러분들의 건강한 식물을 위해 토양을 관리하는 실용적인 지침서가 될 거라 믿는다.

2022. 8.16.

역자 박석곤 씀

추천사

아담과 이브가 이 세상에서 가장 아름다운 정원에서 산 이래, 인간은 아름다운 정원을 꿈꾸어 왔다. 이 정원의 주인은 아주 다양한 식물이지만, 아무리 아름다운 식물이라 하더라도 흙이 없으면 제대로 살아가기가 어렵다.

최근 우리나라에서는 정원 가꾸기의 붐이 한창이다. 특히 산림청과 한국수목원정원관리원의 지원으로 순천만국가정원의 탄생과 이어서 전국 각지에서 이에 연계한 정원의 조성과 정원 관련 행사가 꼬리를 물고 있다. 경제적으로 빈곤국에서 최단기간에 세계적인 선진 경제국가로 발돋움한 우리나라의 최근 역사를 되돌아보면 국민이 정원에 관심을 가지는 것은 아주 자연스러운 일이다.

아름다운 정원을 만드는 데에는 다양한 식물 종류도 중요하지만, 이들의 절대적인 생존기반인 토양을 제대로 인식하지 않으면 절대로 불가능하다. 세계적으로 정원산업이 발전한 영국만 하더라도 우리가 보기엔 식물에만 관심이 있는 것 같지만, 주택정원의 관리에 각 가정에서 썩히어 만든 퇴비의 사용은 아주 일상화된 일이다. 특히 우리는 대학에서만 배우는 토양산도계, 토양습도계 또는 토양온도계가 정원을 관리하는 도구일 정도로 일반화되어 있다. 이 의미는 아름다운 정원을 가꾸기 위해서는 토양의 정확한 이해가 필요하기 때문일 것이다.

우리나라에서 정원사업의 발전에 따라 식물재료를 소개한 도서는 여기저기에 넘쳐나지만, 정작 식물이 자라는 매개인 토양을 다룬 책은 거의 전무하다. 이번에 펴내는 책은 기존의 토양학 관련 도서와 비교하여 일반인이 이해하기 쉽도록 내용을 잘 정리하였다. 이를 바탕으로 앞으로 우리나라에서도 정원관리에 반드시 토양을 제대로 다루는 풍토와 인식이 필요하다.

국립순천대 박석곤 교수가 번역해 펴내는 "꽃을 피우는 흙: 정원토양학"은 정원토양의 관리에 필요한 기본 지식과 응용을 18개 장에 걸쳐 알기 쉽게 기술하였다. 아름다운 정원을 만들고 관리하기 위한 밑거름으로 토양의 정확한 이해와 함께 정원에 관심이 많은 전국 각지의 독자에게 훌륭한 지침서가 되기를 기대한다.

– 전 천리포수목원 원장 김용식

최근 정원을 직접 가꾸는 사람들도 늘고, 젊은이들이 정원관리를 직업으로 선택하기도 한다. 정원사들은 정원의 목표나 공간적 기능에 맞는 식물 선정, 식재, 관리, 토양개량 등 여러 가지 정원 업무를 수행한다.

정원식물을 올바르게 선정하고 관리하려면 식물이 사는 집 즉, 토양환경에 대한 기초지식을 학습하는 게 필수적이다. 토양의 기초지식을 공부하면, 토양 문제에 대한 제반 대책을 세울 수 있다. 정원을 가꾸는 분들은 좋아하는 식물에 대한 생리·생태적 지식이 부족하고, 특히 토양을 잘 알지 못해 많은 애로를 겪는다.

조경학과 산림자원학을 대학에서 전공하고, 건설회사에서 식재공사 경험을 가진 나 역시도 지난 십여 년 동안 정원을 설계하고 관리하면서 토양의 기초지식이 부족하여 직면한 토양 문제들을 대처하기가 어려웠다. 토양과학 이론과 실무경험이 풍부한 사람으로부터 조언을 받기도 쉽지 않다.

이 책의 저자 로버트 파블리스는 45년 이상 정원식물을 관리한 경험을 바탕으로 정원사들에 꼭 필요한 토양의 기초과학 내용을 소개하고, 여러 가지 토양 문제를 대처하는 기술을 소개하고 있다. 이 책은 식물을 관리할 때 만나는 다양한 토양 관련 문제들을 해결해 나가는 길라잡이가 되리라 믿는다. 본서를 의욕적으로 번역한 박석곤 교수도 조경계에서 드문 토양을 전공한 학자이다. 정원을 가꾸는 개인이나 정원관리 종사자, 정원사과정 수련자, 조경관리자, 양묘장 기술자 등 조경 및 정원 관계자 여러분들에게 필독서로 추천한다.

– 삼인동숲정원 대표(전 호남대 조경학과 교수) 오구균

들어가며

정원사들이 가장 많이 하는 질문이 내 식물에 무슨 문제가 있는가이다. 혹시 식물이 잘 자라지 않는다면, 4가지 분야에서 잠재적인 문제가 있다. 너무 적거나 너무 많은 빛, 이것은 쉬운 해결책이 있어서 초보 정원사들은 곧 알맞은 빛 환경에 심는 법을 배운다. 물을 주는 것은 다음으로 고려해야 할 사항이다. 초보 정원사들은 식물에 어느 정도 물을 줘야 하는지 고심하지만, 곧 토양이 마르기 시작할 때 물을 주고 가끔 물을 주어야 한다는 사실을 알게 된다.

해충과 질병 문제를 진단하는 것은 간단치 않지만, 대부분 해충을 볼 수 있고, 적어도 해충이 식물에 미치는 영향을 알아차릴 수 있다. 심지어 질병의 증상도 문제를 해결하는 데 도움을 준다. 예방이 그렇게 쉽지는 않겠지만, 정원사들은 시간이 지남에 따라 흔한 해충과 질병에 대해 익힌다.

네 번째로 고려해야 할 분야가 토양이며, 경험이 풍부한 정원사들에게도 이 분야는 여전히 수수께끼로 남아있다. 여러분은 아마도 영양소에 대해서만 막연하게 이해하고, 어쩌면 예전에 개량한 토양에 식물을 심었을 것이다. 하지만 대부분 정원사는 땅속에서 일어나는 일들은 전혀 알지 못한다.

정원으로 나가서 자세히 보라. 무엇이 보이나? 식물들이 꽃을 피우고 있다면, 식물을 지나 그 아래의 토양을 살펴보라. 아마 토양 말고는 아무것도 볼 수 없을 것이다. 멀치*와 작은 돌을 볼 수 있지만, 식물을 제외하고는 생물체가 없는 것처럼 보인다.

토양을 한 움큼 집어서 손바닥에 펼쳐 보라. 그들을 눈으로 볼 수는 없지만, 수천 종의 서로 다른 종을 대표하는 수십억 개의 생물체를 여러분은 보고 있다. 그 모든 생물체는 생명을 유지하기 위해 노력하고 있다. 그들은 자라고, 호흡하고, 번식하고, 큰 것은 작은 것을 잡아먹고, 식물에 많은 영양소를 제공한다.

어떤 생물체들은 여러분의 식물을 공격하는 반면, 다른 일부는 식물과 공생관계를 맺고 해충으로부터 식물을 보호한다. 어떤 것들은 실제로 땅을 배회하며 영양소를 채집하여 식물 뿌리로 다시 전달한다. 여러분이 직접 볼 수 없는 수많은 생물체가 식물에 영양소를 제공한다.

토양이 정원사들에게 신비로운 이유 중의 하나는 우리의 눈이 이것을 전혀 볼 수 없기 때문이다. 생물체의 수는 방대하고, 미생물 사회는 너무 복잡하다. 그 모든 것을 이해할 수 없다. 이 책의 목표 중 하나는 토양 이야기를 단순화하고, 무슨 일이 일어나고 있는지를 쉽게 설명하는 데 있다.

몇 년 전 나는 일반 대중을 위한 정원 입문 과정을 기획하였다. 다뤄

---

* 멀치(mulch)는 잡초가 무성히 자라는 것을 막고 토양수분 증발을 줄이기 위해 식물 주위에 뿌리는 짚단, 낙엽, 나무 부스러기 따위를 말한다. 그 행위를 멀칭(mulching)이라고 한다.

야 할 주요 주제에 대한 아이디어를 얻기 위해 몇 권의 두꺼운 정원가꾸기 책을 살펴보았다. 640쪽에 달하는 책에서 토양 관련 내용은 4쪽뿐이었다. 700쪽이 넘는 또 다른 책에서는 토양 이야기가 한쪽도 없었다. 그래서 정원 입문 과정을 시작하기로 했고, 6분의 1을 토양에 대해 할애하였다.

45년간의 정원 가꾸기 경험에서, 토양을 이해한다면 식물 재배가 쉽다는 것을 깨달았다. 식물을 심은 후에 비료를 주고 생존에 필요한 공기와 물을 주어야 한다. 여러분이 건강한 토양을 만든다면, 기후에 맞는 어떤 식물도 기를 수 있다.

초보 정원사나 경험이 많은 사람은 규칙을 암기함으로써 정원을 가꾸는 경향이 있다. 작약은 언제 이식하는가? 아이리스 줄기는 언제 잘라야 하나? 라일락 가지치기는 언제가 가장 좋은 시기인가? 이것들은 모두 규칙이라서 한 번 배우면 따르기가 쉽다. 가을에는 작약을 옮겨 심고, 아이리스 줄기를 잘라 제거하고, 꽃이 핀 후에는 라일락을 자른다. 하지만 여러분은 수천 가지의 이 모든 식물에 대한 규칙을 배우고 기억할 수는 없다.

훨씬 더 나은 방법은 기초과학을 공부하는 것이다. 식물이 어떻게 자라고 토양이 어떤 역할을 하는지 배워야 한다. 일단 이것을 이해하면, 규칙들이 필요하지 않아 암기를 건너뛸 수 있고, 어떤 식물이든 키울 수 있다. 이것이 이 책의 두 번째 목표이다. 실제로 토양에서 어떤 일이 일어나고 있는지, 그리고 토양이 식물에 어떤 영향을 미치는지 이해하기를 바란다. 이 책은 여러분 발아래에 일어나는 자연계 순환을 간단하고 명료하게 설명하려고 한다.

기초과학을 이해하게 되면, 여러분은 어떤 정원 가꾸기 절차를 평가할 수 있고, 그것이 타당한지 판단할 수 있다. 예를 들어, 토양의 떼알구조를 이해한 후에는 경운이 좋은 방법인지, 언제 해야 하는지를 스스로 결정할 수 있다.

더 중요한 것은 여러분들은 매년 개발되어 유행하는 기술과 제품들의 실체를 평가할 수 있다. 이것 중에 많은 것이 시간 낭비이며, 토양건강이나 식물 생장을 개선하지 못한다. 여러분은 이제 더 많은 정보를 가진 정원사가 될 것이다.

토양건강이란 무엇인가?

토양건강이라는 용어는 무엇을 의미할까? 여러분의 관심사에 따라, 이 말은 많은 것을 의미할 수 있다. 기후학자는 건강한 토양을 탄소축적량이 많은 토양으로 정의할 것이다. 농부는 농작물의 수확량이 많아야 좋은 토양이라 생각하며, 미생물학자는 미생물 군집과 다양성을 측정하여 토양건강의 기준으로 삼을 것이다.

정원사들은 식물의 건강을 살핀다. 식물이 잘 자라고 꽃이 많이 피고 질병이 없게 하려면, 토양이 건강해야 한다. 어떤 식물은 영양소가 풍부한 토양에서 잘 자라는 반면, 다른 식물들은 사질토에서 더 잘 자란다. 토양건강의 정의는 여러분이 재배하는 식물 종류에 따라 크게 달라진다.

구체적인 정의를 내리지는 않겠지만, 이 책의 목적상, 건강한 토양은 다양한 식물을 재배할 수 있을 만큼 적당하게 비옥하고 떼알구조가 되어 배수와 통기가 우수하며, 많은 수의 미생물이 살 수 있는 토양이다. 고리타분한 정의 같지만, 우리의 목적을 위해 충분하다고 본다.

책 쓰임새

이 책은 세 부분으로 나누어져 있는데 순서에 따라 읽기 바란다. 제1편은 '토양의 이해'로서 토양과 토양생물과 식물 사이의 상호작용을 이해하는 데 필요한 기초과학 지식을 제공한다. 이 기초지식으로 토양 문제를 파악하고, 이에 대한 해결책을 제2편에서 설명한다. 이곳에서는 토양을 개선하는 실용적인 방법을 해설한다. 이 책을 읽는 많은 사람들은 각기 다른 토양 문제를 안고 있을 것이다. 그래서 제3편은 특정 토양을 개선하기 위한 맞춤형 계획을 수립하는 체계를 제공한다. 여러분은 제2편에 설명된 건강한 토양을 만드는 실용적인 방법을 바로 읽고 싶은 유혹을 받을 수 있지만, 먼저 토양에 관한 기초지식을 이해하는 것이 필수적이다. 기초지식이 약하면, 정원 문제 해결에 적합한 제품과 해법을 찾기 어렵다는 것을 알게 될 것이다.

전공용어

토양학자들은 잘 정제된 용어를 쓰지만, 일반인들이 항상 같은 의미로 사용하는 것은 아니라서 자주 오해로 이어진다. 나의 도전 중 하나는 이 책에 있는 용어들을 정원사에게 유용하면서도 과학의 정확성을 반영하여 쓰는 것이다. 모두가 정확한 의사소통을 하기 위해서는 우선 몇 가지 기본적 정의에 동의해야 한다.

유기

여러 가지 의미로 자주 쓰는 '유기(organic, 오가닉)'라는 용어는 온갖 종류의 오해를 불러일으킨다. 이 용어가 '자연적'과 동의어가 되었고,

어떤 유기 물질이든 우리와 정원, 그리고 지구에 좋다는 오해를 낳는다. 이 용어는 소비자들이 올바른 선택이라고 생각할 수 있도록 상품을 설명하는 데 광범위하게 쓰인다. 같은 맥락에서 '유기'는 비합성 화학물질을 대표하게 되었다. 실제로 많은 천연 유기화학물질은 합성 화학물질보다 독성이 더 강하다. 대부분 약물은 합성물질이며 보통 안전하지만, 피마자(대극과 식물) 씨앗에 함유된 리신ricin과 같은 일부 천연 유기화학물질은 지구상에서 가장 독성이 강한 화합물이다. '유기'라는 용어는 안전함을 의미하지 않는다.

유기는 또한 '유기농'으로 생산되는 농식품들을 가리킨다. 이것은 농약이나 화학물질 없이 생산된다는 의미가 아니다. 단지 화학물질을 사용할 때 유기농 인증단체들이 개발한 엄격한 기준을 따랐다는 것을 의미한다. 만약 그들의 기준을 따른다면, 비록 승인된 화학물질 중 일부가 합성 또는 독성물질이라 할지라도 유기농이라는 것이다. 이 기준을 따르는 것이 가장 중요하며, 안전은 부차적이다.

화학자에게 '유기'라는 단어는 완전히 다르게 받아들인다. 유기화학물질은 일부 염류鹽類를 제외하고 탄소를 포함하는 모든 화학물질이다. 모든 당류, 탄수화물, 단백질은 탄소가 들어가 있고, 비록 인간이 만든 것일지라도 유기물이다. 대부분의 식물 영양소를 포함해서 탄소가 들어있지 않은 것이 무기물이다. 이 정의에 따르면 대부분의 합성 농약은 유기물이다.

이 책에서 '유기'는 화학자의 정의를 따르고, 유기농 인증이라는 용어는 유기농업을 지칭한다. 유기질 토양이라는 용어는 정원사와 토양학자들이 서로 다르게 쓴다. 정원사의 경우, 일정한 유기농 인증 기준에 따라 유기물로 처리된 토양을 말한다. 토양학자들은 암석의 풍화물질이 아닌 식물성 물질이 층층이 쌓여서 만들어진 토양을 말한다. 보통 20% 이상의 유기물을 함유하고 있으며, 이탄 늪과 습지는 이러한 토양의 좋은 예이다. 이 책은 토양학자의 유기질 토양의 정의를 따른다.

유기물

유기물이라는 용어는 죽은 동식물 또는 미생물을 지칭하기 위해 광범위한 의미로 쓰인다. 유기물은 나무 조각이나, 두엄과 같이 썩지 않은 신선한 것일 수 있고, 퇴비나 부식질*과 같이 분해된 형태일 수 있다.

비료

비료라는 용어는 여러가지로 정의할 수 있다. 정원사들은 흔히 이 용어가 합성 화학비료만을 지칭한다고 생각하지만, 합성비료뿐만 아니라 유기비료가 많아서 올바른 정의가 아니다.

비료에 대한 법적 정의를 보면, 비료에 질소(N), 인(P), 칼륨(K)이 들어 있고 이러한 영양소의 양이 포장에 NPK값으로 표시되어야 한다. 이 정의에 따르면, 황산마그네슘(황산고토)은 식물에 마그네슘을 공급하지만, 법적 비료 표기에 속하지 않는다.

좀 더 일반적으로는 식물에 영양소를 공급한다는 목적으로 토양에 넣는 물질을 묘사하기 위해 비료라는 용어를 쓴다. 합성비료라는 용어는 인간이 만든 인공 화학비료를 말하며, 천연비료는 유기비료를 지칭한다.

---

* 부식질(腐植質, humus)은 신선한 동식물의 유기물이 토양에서 변하여 형성된 화학적으로 안정한 고분자량의 물질이다. 거무스름한 빛깔의 부식질이 많을수록 토양 비옥도가 높아진다.

비료 vs 토양개량재

토양개량은 산도(pH)를 중성화뿐만 아니라 보수성, 통기성, 배수성, 토양구조 등 물리성 변화를 주된 목적으로 토양에 투입하는 행위이다. 예를 들어, 석회는 보통 pH를 변화시키기 위해 적용되지만, 약간의 영양소가 토양에 들어가기도 한다. 이것은 토양의 물리성을 개선하는 것이 주된 목적이므로 비료가 아닌 토양개량재이다.

비료와 토양개량재 구분이 뚜렷하지 않은 것도 있다. 사람들은 퇴비를 식물에 영양소를 공급하기 위해 비료로서 쓰지만, 토양 물리성도 개선하므로 토양개량재이기도 하다. 유황은 비료로서 중요한 성분이 될 수 있으며, pH를 변화시키는 데 이용된다.

자주 쓰이는 또 다른 용어는 토양조절제(또는 토양컨디셔너)이다. 토양개량재와 토양조절제를 구분하려는 이들도 있지만, 서로 똑같다고 보며 이 책에서는 토양개량재라고 한다. 많은 토양개량재를 토양에 섞어 일체화하는 대신 토양 위에 덮을 수 있는데 여기선 멀치와 토양개량재로 나눠 언급한다.

미생물

이 책은 많은 부분에서 토양 속 또는 토양에 대한 생물에 초점을 맞추고 있다. 이 생물체들은 식물과 동물로 분류된다. 이 용어는 다년생 식물, 쥐 및 지렁이와 같이 비교적 크기가 큰 생물체를 나누는 데 적합하지만, 크기가 작아지면 식물과 동물의 차이가 흐려진다. 많은 작은 생물체들은 몇 가지 특징을 둘 다 가지고 있다. 대부분 세균은 엽록소가 없어 식물처럼 햇빛으로 음식(포도당)을 만들 수는 없지만, 동물적인 특성도 많지 않다. 광합성을 하는 남세균cyanobacteria은 식물처럼 보이지만, 광합성을 하지 않는 곰팡이도 있다.

이 생물체들 사이의 차이점은 흥미로운 주제이지만, 정원사에게 모든 것들은 단순하게 받아들여진다. 이 다양한 작은 생물체들을 지칭하기 위해 미생물이라는 일반적인 용어를 쓸 것이다.

차례

제1편

토양의 이해

제1장

토양기초

누구나 토양을 알고 있으나, 그것을 실제로 정의하기 어렵다. 수년 동안 토양의 정의가 바뀌었는데 2016년 미국 토양과학 아카데미가 정의한 것은 '토양은 일반적으로 죽은 유기물과 섞인 부슬부슬한 암석과 광물 입자로 구성된 지구 표면의 최상층'이다. 이 정의에는 토양에 사는 다양한 생물체(유기체)의 언급이 없다는 점을 유의하자. 토양이 살아 있다는 등 여러 가지로 오해를 일으키는 표현과 그 중요성이 너무도 강조되어 아마 놀라울 수 있다.

사람들은 '토양이 살아 있다'라는 주장을 펼친 후에 토양이 먹고 싶은 다양한 음식을 묘사하며, 균형 잡힌 토양건강을 유지하기 위해 어떤 것을 먹여야 하는지 표현한다. 토양이 동물처럼 살아있는 생물체라는 생각은 완전히 잘못된 것이다. 이런 생각 때문에 토양을 관리하기 위한 수많은 형편없는 행위로 이어진다.

토양은 살아 있지 않다. 이것은 먹거나 숨을 쉴 필요가 없다. 토양은 식물을 기르는 데 더 좋게 하려면 개량이 필요할 수 있지만, 이것은 동물이 건강하거나 병들거나 하는 문제가 아니다. 사람들이 살아있는 토양에 대해 말할 때, 그들은 토양과 그 안에 있는 모든 생물체로 구성된 토양 생태계를 말한다. 이 생태계는 생명이 있고 생명을 지탱하지만, 그마저도 살아 있다고 할 수 없다.

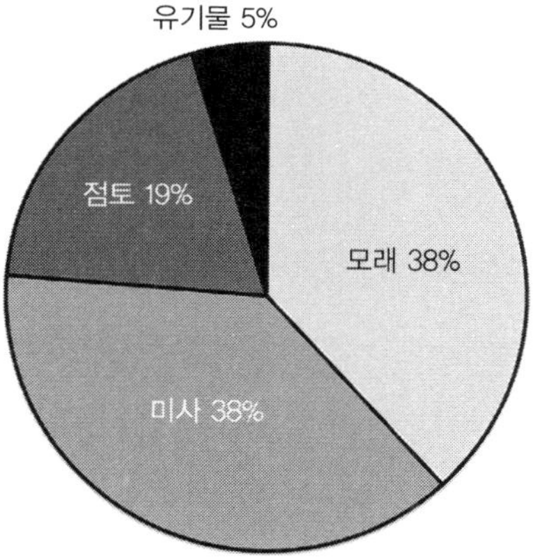

이상적인 토양의 성분 비율

토양 구성

크고 작은 자갈을 제외한다면, 토양은 모래, 미사, 점토, 그리고 죽은 유기물의 4가지 성분을 갖고 있다. 이상적인 토양은 도표에 표시된 비율로 이것들이 구성된다. 사람들이 놀라워하는 점은 무게로 볼 때 유기물이 겨우 5%를 차지한다는 것이다. 부피 기준으로는 약 10%이다. 유기물은 5%에 불과하지만, 토양의 물리성과 화학성에 지대한 영향을 미쳐 매우 중요하다.

이 이상적인 토양의 비율이라는 표현은 약간 오해의 소지가 있다. 본인의 토양을 이상적인 토양으로 바꾸는 것이 자기 일이라고 생각할지도 모른다. 그러나, 이 일은 실용적이지도 않고 필요하지도 않다. 지구상에 있는 거의 모든 토양은 이상적이지 않지만, 많은 토양이 식물을 잘 키우고 있다. 식물은 적응력이 뛰어나고 대부분 토양에서 자란다.

모래, 미사, 점토의 비율을 바꾸는 것이 거의 불가능하지만, 유기물 수준을 바꿀 수 있다. 유기물량 1%의 증가는 작은 변화일지라도 상당한 효과를 볼 수 있다. 토양 비율이 이상적인 범위에서 벗어날수록 많은 토양 문제가 생긴다.

토양을 더 잘 이해하기 위해서는 토양의 기원을 알아야 한다. 토양은 큰 바위에서부터 시작된다. 시간이 지남에 따라 이것들은 물리적, 화학적, 생물학적 풍화작용을 받아 점점 더 작은 조각들로 쪼개진다.

즉, 바람과 비가 큰 바위를 깨트려 작은 토양입자를 만든다. 물이 갈라진 틈에 모이고 얼면 팽창해 바위를 쪼갠다. 내리는 빗물은 공기에서 이산화탄소(CO_2)를 녹여 산도(pH)가 약 5.5인 산성비가 되어 석회암과 같은 암석을 천천히 용해한다. 이끼는 바위에서 붙어 자라면서 뿌리에서 생성하는 화학물질로 천천히 바위를 녹인다. 매우 느린 과정이지만 지속해서 이루어지고 있다. 모래, 미사, 그리고 점토는 크기가 다른 바위에 불과하다. 결국, 바위는 식물이 자라는 데 필요한 영양소인 기본 원소로 더 분해된다.

토양입자가 작아질수록 자연은 입자들을 이동시키기 쉬워진다. 강과 빙하는 한 곳에서 돌을 수 킬로미터 떨어진 곳으로 옮긴다. 바람과 빗물은 특히 비탈진 땅에서 토양을 옮기는 데 큰 역할을 한다. 언덕 꼭대기의 토양은 저지대와 상당히 다를 수 있다. 지구 토양의 95%가 만들어진 지역에서 다른 곳으로 움직인 것으로 추정된다.

여러분이 있는 곳의 토양은 이 모든 작용의 총합이다. 이론적으로 토양은 여러분이 사는 곳에 있는 암석으로 만들어졌지만, 수 킬로미터 떨어진 곳으로 옮겨졌을 수도 있다. 그런데도 이것은 여전히 모암母巖의 산물이다.

그러므로 화강암, 사암, 셰일은 산성이라서 산성토양을 만든다. 칼슘과 마그네슘이 많이 함유된 석회암과 현무암은 알칼리성 토양을 만들게 된다.

토양입자

토양은 다양한 크기의 작은 바위 알갱이로 만들어지고, 그것들을 정량화하기 위해 과학자들은 모래sand, 미사silt, 점토clay라는 용어를 쓴다. 지름 2mm 이상의 큰 알갱이는 자갈이라고 한다. 모래는 2mm에서 0.05mm 사이의 알갱이를 가리킨다. 미사는 0.05mm에서 0.002mm까지 다양하며, 점토는 그보다 작다. 이 숫자들을 잘 살펴보면, 모래 1개가 이 페이지의 크기라면, 미사는 한 글자의 너비를 가질 것이고, 점토 한 알갱이는 이 문장의 마침표보다 더 작을 것이다.

모래, 미사, 점토의 특성

특성	모래	미사	점토
입자 크기(mm)	2.0~0.05	0.05~0.002	0.002 이하
맨눈으로 확인 가능	가능	불가능	불가능
응집력(서로 끌어당김)	낮음	보통	높음
보수성	낮음	보통	높음
수분 침투율	빠름	낮음	낮음
통기성	좋음	보통	낮음
pH 변화에 대한 완충능력	낮음	보통	높음
양분보유능력(CEC)	낮음	낮음	높음
다짐 특성	낮음	보통	높음

모래

모래는 맨눈으로 볼 수 있을 만큼 크며, 손가락 사이로 토양을 문지르면 모래의 껄끄러운 성질도 느낄 수 있다. 모래 입자는 여러 모양으로 생겼지만 둥글다고 생각할 수 있다.

모래의 물리적 성질은 모래의 크기와 모양으로 결정된다. 이것은 뭉치지 않고, 모래와 모래 사이에 큰 틈새(공극)를 가지고 있다. 모래 위를 걸을 때 모래는 다져지기보다 오히려 빗겨 나는 경향이 있다. 모래성분이 많은 사질토는 파기가 쉽고 보통 가볍고 푸석푸석한 것으로 묘사된다.

화학적 관점에서 모래의 표면은 안정적이다. 모래는 대부분의 화학물질과 반응하지 않고, 물이 잘 붙지 않아서 배수가 빠르다.

미사

미사는 너무 작아서 눈으로 볼 수 없고, 손가락 사이로 문지르면 땀띠약(베이비 파우더)처럼 매우 매끄러운 느낌이 든다. 즉, 미사는 작은 모래 입자라고 생각할 수 있다. 이것은 화학적으로 안정적이지만, 이 작은 입자 사이에 공극空隙이 작아, 물은 모래처럼 빨리 배수되지 않는다. 미사는 모래보다 더 쉽게 다져진다.

미사의 성질은 모래와 점토의 중간쯤이 된다. 모래와 같이 이 입자들은 서로 달라붙지 않고, 물을 꽉 붙잡지 않는다.

점토

점토는 지름 0.002mm 이하로 가장 작은 입자이다. 이것들은 너무 작아서 심지어 현미경으로도 볼 수 없다. 모래와 미사는 둥근 모양으로 여겨질 수 있지만, 점토는 여러 겹의 평평한 얇은 판으로 구성되어 있다. 얇게 썬 식빵이 층을 이룬다고 생각하면 점토의 구조를 이해하기 쉽다. 이 입자들은 높은 전하(전기적 성질)를 띠므로 그들 자신과 다른 화학물질과 반응하게 된다. 물과 무기영양소가 점토에 달라붙는다.

점토는 서로 달라붙어 형태를 그대로 유지하는 역할을 한다. 이 역할이 재미가 있을지 모르겠지만, 점토(식질토)를 파는 데 힘이 든다. 삽으로 파 올리면 식질토는 큰 덩어리를 그대로 유지한다.

점토의 크기와 화학적 성질 때문에 점토는 모래·미사와 상당히 다르게 행동한다. 점토는 물을 꽉 붙잡고, 입자 사이의 공간이 작더라도 전체공간의 부피가 커서 상당량의 물을 저장할 수 있다. 이는 점토가 많은 토양에서 물이 빠지는 데 오랜 시간이 걸린다는 것을 의미한다.

점토는 또한 젖으면 팽창하고, 건조하면 수축한다. 건조하면 토양의 표면에 금이 가는 형태로 이 현상을 볼 수 있다. 점토는 특히 물에 젖었을 때 다지면 쉽게 다짐(압축)이 된다. 식질토 위를 걸으면 점토 입자들이 더 뭉쳐지고 다져져, 물리적인 방법으로 깨트리는 데 어려움이 커진다.

바위가 깨져 생긴 모래·미사와 달리, 점토는 아주 작은 광물들이 서로 달라붙어 재구성되어 만들어진다. 그러므로 이것은 모체 광물의 특성을 가지고 다양한 종류의 점토가 있다. 점토가 형성되면서 유기물과 함께 식물의 무기영양소를 붙잡는다.

토성

우리는 모래, 미사, 점토가 마치 따로 떨어져 만들어지는 것처럼 이야기했다. 이 경우는 특별한 상황에서 일어나며, 대부분은 함께 만들어질 가능성이 크다. 이 때문에 많은 토양은 극단적이기보다 중간적인 성질을 가진다.

토양학자들은 이런 토양의 성질을 토성土性, soil texture이라는 용어로 쓴다. 토양시료의 모래, 미사, 점토의 비율에 따라 토성이 달라지며, 토성삼각도로 토성을 결정한다. 모래 40%, 미사 40%, 점토 20%의 이상적인 토양을 '양토壤土'라고 한다. 이를 기준으로 점토 비율이 더 높아지면 '식양토埴壤土'가 된다. 반대로 모래 비율이 높아지고 약간의 점토와 미사가 있는 토양은 '사질양토沙質壤土'가 된다.

이러한 토성은 특정 토양시료 특성을 언급할 때나, 서로 다른 토양에 대해 논의할 때 도움이 된다. 검사로 결정된 토성을 알면, 토양의 물리성과 화학성을 이해하는 데 도움이 된다.

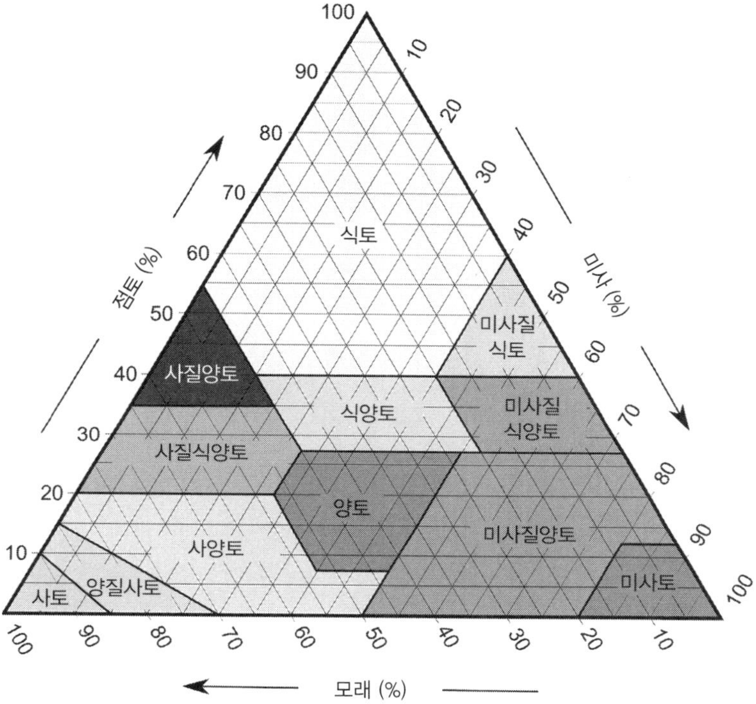

토성삼각도

토양입자 크기의 중요성

토양입자 크기는 2가지 중요한 토양 특성에 영향을 미친다. 즉, 토양의 표면적과 공극량*에 영향을 준다. 큰 토양입자는 상대적으로 작은 표면적을 가지고 있으며, 큰 공극(대공극)이 몇 개뿐이다. 반대로 작은 토양입자는 넓은 표면적을 가지고 많은 작은 공극(소공극)을 가진다. 이러한 특성은 토양을 통해 물이 움직이는 방식에 영향을 주고, 뿌리가 어디서 어떻게 자라는지에 영향을 미친다.

* 일정한 부피의 토양 속에 물과 공기로 채워진 부피의 양

비가 온 후 대부분의 공극에 물이 가득 차 있지만, 중력에 의해 곧 밑으로 빠진다. 며칠, 몇 주 동안 남은 물은 작은 토양입자를 얇게 덮는 수막*이다. 이것은 식물의 뿌리가 흡수할 수 있는 물이다.

모래가 점토보다 표면적이 훨씬 작다. 상대적으로 표현하면, 한 줌의 모래는 테이블 상판과 같은 표면적을 가지고 있다면, 점토는 축구장과 같은 훨씬 넓은 표면적을 갖는다. 이러한 까닭에 점토는 많은 물을 머금고, 더 오랫동안 젖어있어 뿌리가 지속해서 물을 얻기 쉽다. 무기영양소는 또한 점토 입자의 표면에 달라붙는다. 이 때문에 입자의 표면적이 넓다는 것은 식물이 섭취할 수 있는 영양소가 많다는 점을 의미하기도 한다. 이것이 점토가 매우 영양가가 높은 이유 중 하나이다.

공기와 물

토양용액이라는 용어는 토양입자의 표면에 붙어 있는 물을 설명하는데 사용된다. 공기와 물은 적절한 식물 생장을 위해 중요하다. 대부분 사람이 깨닫지 못하는 것은 이 2가지 요소가 항상 변한다는 점이다. 토성, 유기물량, 다짐 정도 등의 여러 요인에 따라 달라지지만, 이상적인 토양은 약 25%의 공기와 25%의 물을 함유하고 있다**.

폭우가 내린 직후, 많은 공기가 토양 밖으로 밀려나 이 공간은 물로 대체된다. 중력, 증발, 그리고 뿌리 흡수로 토양 수분량은 줄어들고, 이곳은 다시 공기로 채워진다. 완벽하게 건조한 토양은 물은 없어지고

* 토양입자와 물 사이의 전기인력에 의해 토양입자 표면에 얇은 수막(水幕, 수분층)이 형성된다.

** 여기서 비율(%)은 중량이 아니라 부피 단위의 퍼센트(%) 값

50%의 공기를 가지게 된다. 이런 건조한 토양은 야외에선 드물고 대부분 실험실에서만 가능하다. 대부분 토양은 식물이 더는 물을 흡수할 수 없을지라도 약간의 물을 머금고 있다.

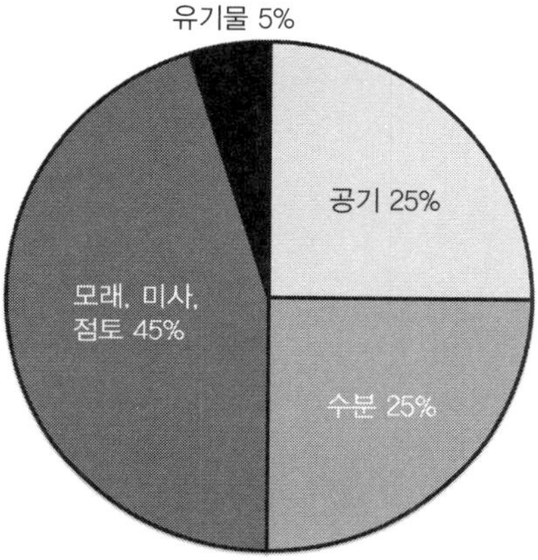

이상적인 토양 구성(부피단위)

증발은 액체 상태의 물이 수증기로 변해 대기로 빠져나가는 과정이다. 이 과정이 토양 표면에서 일어나서 토양 몇 cm 아래는 꽤 젖어있는데 토양 최상층은 건조한 까닭이다. 증발하면서 모세관 작용 때문에 더 많은 물이 표면으로 움직인다. 이 과정이 천천히 토양을 건조하게 한다.

중력도 작용하여 땅속 깊이 물을 끌어당긴다. 결국 땅속 깊은 저수지*로 들어갈 수 있을 만큼 충분히 아래로 내려가거나 지형에 따라 강이나 호수로 흘러 들어간다.

식물 뿌리는 끊임없이 물을 흡수하여 잎으로 옮기고, 기공이라 불리는

* 중력 작용으로 땅속으로 흘러 불투수성인 점토층에 가로막혀서 지하수층이 생기는데 이것을 대수층이라고 한다.

잎 뒷면의 구멍으로 물이 증발한다. 일부의 물은 광합성 같은 화학적 과정에서도 쓰인다. 잎에서 물이 빠져나가는 증산작용은 식물에 중요하다. 큰 나무는 하루에 최대 400리터(ℓ)의 물을 수증기로 대기에 방출할 수 있다.

물이 토양을 떠나면서 공극은 공기로 가득 차게 된다. 토양이 마를수록 점점 더 많은 공기가 토양으로 들어간다. 이 사이클은 비가 오거나 물주기(관개)를 할 때 되풀이된다. 토양에는 항상 약간의 공기가 남아있다는 점을 이해하는 것이 중요하다. 이것은 뿌리에 산소가 필요하므로 식물 건강에 중요하다.

대부분 사람은 식물이 공기 중에서 이산화탄소(CO_2)를 흡수하고 햇빛을 이용하여 당분을 생산한 다음 산소(O_2)를 발생하는 과정인 광합성에 대해 들어본 적이 있다. 이것은 동물의 호흡과 반대 과정이다. 호흡은 O_2를 흡수하고 당분을 에너지로 쓰고 CO_2를 방출한다.

여러분이 깨닫지 못하는 점은 식물들 또한 숨을 쉬면서 O_2를 흡수하고 CO_2를 방출한다는 것이다. 이것은 밤뿐만 아니라 낮에도 일어나는데 동물과 같은 이유로 호흡을 한다. 이 호흡 과정을 통해 식물은 당분을 에너지로 바꿔 자란다. 호흡은 식물의 살아있는 모든 세포조직에서 일어나지만, 특히 뿌리에서 왕성하게 일어난다. 따라서 뿌리는 토양에서 산소를 흡수해야 살 수 있다. 그렇지 않으면 죽는다.

이 원리는 습한 곳에서 식물이 왜 잘 자랄 수 없는지를 설명해준다. 이런 습한 토양은 공극에 물이 가득 차 있어 뿌리에 충분한 산소를 공급하지 못한다. 또한 왜 물을 너무 많이 주면 식물이 죽는지, 왜 어떤 식물들은 공기가 충분하지 않은 식질토에서 잘 자라지 않는지를 설명해준다.

물의 화학적 특성

물의 분자식은 H_2O인데 산소(O) 1개에 수소(H) 2개의 원자가 붙어 있다. 단순해 보이지만 물의 3차원 구조가 흥미롭다. 한쪽 끝에 산소가 있고 다른 끝에 2개의 수소 원자가 붙어 있는 넓은 V처럼 보인다. 이 구조 때문에 물분자의 한쪽 끝은 양전하(+)를 띠고 다른 쪽 끝은 음전하(-)를 갖는다. 물분자를 작은 자석이라고 생각하면 물의 화학적 특성을 이해하기 쉽다. 분자의 한쪽 끝은 다른 분자의 한쪽 끝을 끌어당긴다(수소결합). 서로 붙으려는 응집력이라는 물의 성질은 물과 무기영양이 토양을 통해 어떻게 움직이는지를 이해하는 데 중요한 역할을 한다.

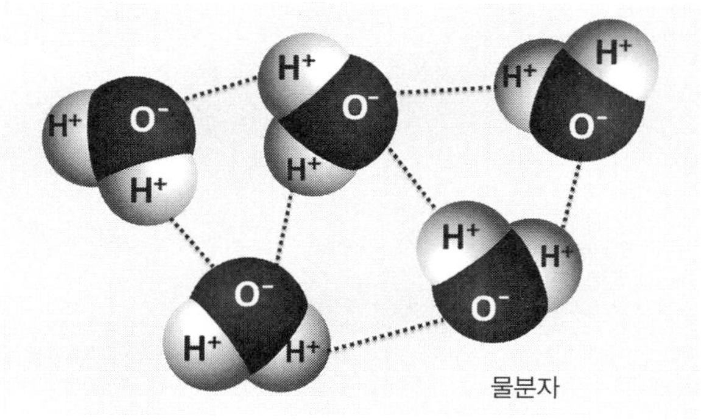

물분자는 작은 자석처럼 반응한다.

토양을 통한 물의 이동

비가 막 내리면 토양의 위쪽 공극에는 물로 가득 찬다. 이 물은 왜 사라지지 않을까? 왜 중력은 바로 아래로 당기지 않는가?

해답은 물의 응집 성질 때문이다. 물분자의 전하(응집력)가 중력의 힘보다 훨씬 더 강하다. 실제 물분자들은 서로 붙잡거나 토양입자에 물분자가 달라붙어서 중력이 물을 바로 아래로 끌어내릴 수 없다.

토양 표면에서 물이 증발한다는 것을 기억하는가? 지표면으로 물분자가 증발하면서, 응집력 때문에 낮은 곳의 물분자들을 더 높은 곳으로 끌어당긴다. 더 많은 물분자가 서로 이어져 있으므로 물분자가 위로 당겨져서 중력이 물을 아래로 끌어당기는 것을 막는다.

또 다른 힘이 작용하고 있다. 점토와 유기물도 음전하(-)를 띠고 있다. 물분자의 양 끝은 양전하(+)라서 점토와 유기물의 음전하에 달라붙는다. 이들은 차례로 다른 물분자들을 붙잡고 있어 중력이 물을 아래로 끌어당기는 것을 더 어렵게 만든다.

물을 토양에 떨어뜨렸을 때 일어나는 일을 지켜보는 것은 흥미롭다. 예상한 것처럼 곧장 흘러내려 가지 않는다. 물은 아래로 이동하기도 하지만, 동시에 점토, 유기물, 물의 전하 상호작용으로 인해 여러 방향으로 움직인다.

모래 입자는 공극이 크고 거의 전하가 없다. 물은 각각의 모래 알갱이 주위에 얇은 수막水幕을 형성하지만, 모래는 전하가 없어 수막이 강하게 유지되지 않는다.

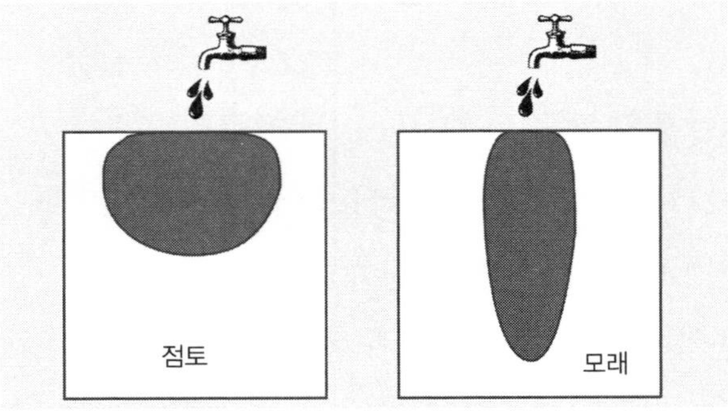

점토와 모래에서 물의 움직임

물분자끼리 달라붙는 응집력 때문에 공극에 머무를 수 있지만, 이 능력에는 한계가 있다. 모래 입자 사이의 공극은 물이 그 공간을 채우고 그곳에 머물기에는 너무 크다. 중력은 이 공간들에서 물을 상당히 빠르게 끌어낸다. 이는 왜 모래에서 물이 그렇게 빨리 빠지는지를 잘 설명해준다. 모래 위에 물을 떨어뜨리면 대부분 아래로 흘러내리지만, 물의 응집력으로 인해 약간 옆으로 흐르기도 한다.

점토는 매우 다르게 작동한다. 점토 입자는 음전하를 띠며, 공극이 매우 작다. 물은 점토에 단단하게 달라붙어 공극을 완전히 채운다. 중력보다 이 힘이 더 강해 그 결과적으로 점토에 떨어지는 물은 모래보다 훨씬 더 옆으로 움직인다. 이러한 점토의 성질은 또한 증발 속도를 줄인다.

지금까지 순수한 모래와 점토 토양에 대해 논의해 왔지만, 실제 토양에는 점토와 마찬가지로 음전하를 갖는 유기물도 함유하고 있다. 물은 유기물에 단단히 달라붙는다. 한 예로, 유기물 4%의 미사질양토는 1%의 미사질양토보다 2배 많은 물을 저장할 수 있으며, 이는 식물에 유기물의 중요성을 보여준다.

시간이 지남에 따라 증발, 중력, 그리고 식물 흡수는 토양 수분량을 줄인다. 큰 공극에서 먼저 물이 빠져나가고, 다음으로 중간 크기의 공극, 마지막에 작은 공극 순으로 빠진다. 식물 뿌리는 비교적 큰 공극과 중간 공극에서 잘 자란다. 작은 공극은 지나치게 작아 뿌리 생장에 저항이 생긴다.

식물 뿌리가 공극으로 자라면 어떻게 될까? 뿌리는 토양 공극에 갇혀 있는 물(수막)과 접촉하여 물을 흡수한다. 증발에 따라 물분자들이 어떻게 반응했는지를 되새겨보라. 여기에서도 같은 일이 일어난다. 물분자가 뿌리 안으로 빨려 들어가면서 비워진 공간으로 더 많은 물이 끌려온다. 이런 까닭으로 뿌리에 멀리 떨어진 곳에서 뿌리를 향해 물이 끊임없이 흐르게 된다.

뿌리가 너무 커서 공간에 들어갈 수 없어도 작은 공극에서 물을 끌어낼 수 있는 것이 물의 응집력 때문이다. 이 모든 것이 잘 작동하지만, 시간이 지나면서 토양에 물이 적어져서 수막이 점점 얇아진다. 어느 시점에는 물의 흐름이 멈추고, 뿌리는 더는 충분한 물을 얻지 못한다.

식물은 물, 무기영양소, 산소를 얻을 수 있는 곳에서 새로운 뿌리를 만든다. 토양의 지표면이 마르면, 물에 접근할 수 있는 토양 깊숙한 곳으로 뿌리를 뻗는다. 물이 토양 깊은 데 있고 물을 적게 주면, 건조한 동안에 살아남을 수 있도록 뿌리가 깊게 발달하게 된다.

떼알과 토양구조

지금까지 미시적인 차원에서 토양을 논의했는데 토양은 그 이상으로 심오하다. 기존 산림지대에 들어가 토양을 만져보면 모래, 미사, 점토와 다른 느낌이라는 것을 알게 된다. 이 토양은 어두운 색상의 부스러지기 쉬운 큰 조각들로 되어 있다. 다양한 크기의 많은 공극을 갖고 있어 통기가 잘된다.

여러분이 보고 있는 것은 좋은 토양의 거시적 구조이다. 모래, 미사, 점토는 유기물과 혼합되어 '떼알(입단)'이라는 더 큰 구조물을 형성한다. 정원사들이 잘 이해하지 못할 수 있지만, 떼알은 좋은 토양의 중요한 기준이 된다. 토양이 떼알구조가 되면 식물이 잘 자란다. 떼알이 발달하지 않으면 토양의 성능이 떨어진다. 좋은 토양을 만드는 일은 바로 떼알을 형성시키는 것이다.

결합제, 점액질, 유기결합제, 유기물 시멘트 등 다양한 이름으로 말하는 특별한 즙이 떼알의 핵심이다. 이 결합제는 모래, 미사, 점토, 유기물을 큰 토양입자로 붙이는 접착제처럼 작용하는데, 토양학자들은 큰 집합체를 페드ped라고 한다.

결합제는 살아있는 생물체가 생성한 많은 종류의 화학물질로 구성되어 있다. 이것들을 생명 즙이라고 생각할 수 있다. 식물, 세균, 곰팡이, 지렁이, 작은 곤충들은 모두 특별한 즙을 배출하고, 몇몇 화학물질들은 접착제로 효과가 탁월하다.

점토, 산화철, 유기물도 떼알을 형성하는 접착제 역할을 하지만, 미생물이 최고의 결합제를 제공한다. 나트륨(Na) 성분은 떼알 형성을 방해하고, 토양입자를 분산시킨다. 바닷물 관개가 문제인 이유 중 하나다.

떼알은 2단계 과정으로 만들어진다. 첫째, 다양한 미생물의 결합제는 작은 입자들이 서로 들러붙어 미세 떼알을 형성하도록 돕는다.

그런 다음 미세 떼알들은 다시 곰팡이 균사체와 방선균 균사에 의해 거대 떼알 구조체가 만들어진다. 떼알 크기와 곰팡이 생물량 사이에는 직접적인 관계가 있다. 토양경작은 곰팡이 균사체를 줄어들게 하여 거대 떼알이 현저하게 감소한다.

떼알구조

통기성과 배수성이 우수

홑알구조

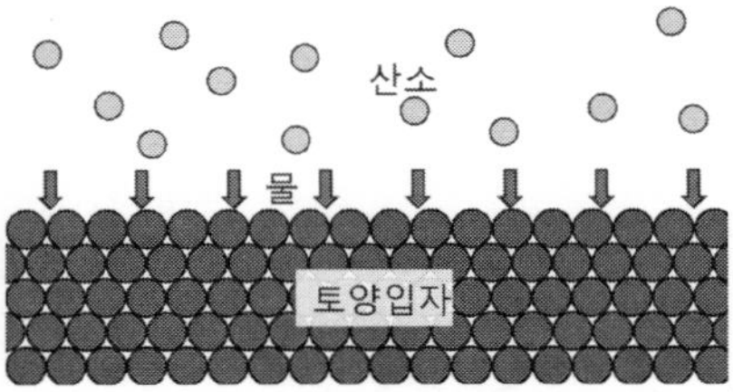

통기성과 배수성이 불량

왜 떼알이 정원사들에게 그렇게 중요한가? 떼알은 죽은 유기물이나 살아있는 미생물의 양이 충분할 때만 형성되므로 건강한 토양 시스템의 지표가 된다. 더 중요한 것은 뿌리에 딱 맞는 크기의 큰 공극이 생성된다는 점이다. 큰 공극은 또한 물과 공기가 토양을 통해 이동하기 쉬워져 배수가 원활해지고 식물 뿌리에 산소를 공급한다. 떼알구조는 상당히 느슨하고 많은 물을 머금은 작은 공극을 많이 갖고 있다. 미생물은 더 작은 공극들을 통해 움직여 큰 생물체로부터 몸을 숨긴다.

앞선 기술은 울창한 숲에서 볼 수 있는 토양에 대한 설명이다. 어느 곳에 가서 토양을 살펴보길 적극 추천한다. 여러분은 떼알을 보고 느낄 수 있을 것이다. 다양한 크기의 입자들을 살펴보고, 얼마나 쉽게 부서지는지를 느껴보라. 정원의 장기적인 목표는 이와 같은 토양을 만드는 것이다.

토양검사: 떼알 정도

토양에서 지표면 낙엽층을 제거하고, 토양 속에 손가락을 넣어보라. 쉽게 손가락이 들어간다면, 모래가 많은 토양이거나 떼알구조가 발달한 토양일 것이다.
상당히 마른 토양을 한 삽씩 파 보자. 부서지기 쉬운 큰 덩어리를 볼 수 있는가? 아니면 모래와 미사처럼 알갱이로 보이는가? 숲이 우거진 곳의 토양과 비교하라. 큰 덩어리가 쉽게 부서지고, 여전히 모래보다 큰 덩어리라면 떼알이 만들어진 것이다
떼알이 형성되지 않는 사질토는 모래 알갱이가 떨어져 나가고, 입자들은 서로 달라붙지 않는다. 떼알이 발달하지 않은 식질토는 뭉쳐 부서지기 어려운 덩어리를 형성하며, 중간 크기의 입자를 볼 수 없다.

떼알을 촉진하거나 악화하는 일은 지속적인 과정이다. 천연 결합제는 서서히 분해되며, 이를 지속해서 미생물의 활동이 보완한다. 이 활동 속도가 빠르면, 떼알은 계속 형성된다.

토양은 상당한 떼알구조를 유지할 수 있지만, 떼알은 안정적이지 않을 수 있다. 즉, 토양 조건의 작은 변화에도 쉽게 산산조각이 날 수 있고, 안정적인 떼알은 일부 충격을 받아도 온전하게 유지될 수 있다. 떼알 안정성 검사(Archuleta slake test)를 써서 안정 정도를 쉽게 측정할 수 있다.

토양검사: 떼알 안정성 검사(archuleta slake test)

꽤 마른 토양을 한 삽씩 파서 큰 덩어리에서 골프공만 한 크기의 덩어리를 찾는다. 종이 위에 놓고 최소 48시간 동안 응달에 건조해 토양검사를 할 수 있도록 한다.

최소 13cm 높이의 투명한 용기를 준비한다. 2.5cm 정도의 눈 크기를 가진 철망을 자른 다음에 아래 그림처럼 철망을 용기에 걸쳐놓고 그 위에 토양 덩어리를 올려놓는다. 용기에 물을 부어 토양 덩어리가 잠기도록 한다. 토양 덩어리를 철망 위에 넣고 기다린다. 물이 공극 사이로 들어가 상당한 전단력*을 일으킬 것이다. 안정적인 떼알은 그대로 유지되나, 불안정한 떼알은 쉽게 깨진다.

1분을 기다려 토양입자가 대부분 떨어져 나갔다면 안정성이 낮아 3등급을 준다. 1~5분 안에 떼알구조가 무너지면 2등급을 준다. 5분이 지나도 대부분 온전하면 매우 안정적이라고 판단해 1등급을 부여한다.

떼알 안정성 검사에 쓰이는 투명용기 및 철망 받침대

토양산도

토양산도(pH)는 식물 생장에 큰 영향을 미쳐, 토양 성질 지표로 흔히 쓰인다. pH 척도는 액체 속의 수소이온(H^+)의 수를 의미하며, 0부터 14까지의 숫자로 나타낸다. pH 7을 기준으로 7보다 높으면 알칼리성(H^+

* 서로 반대되는 면을 따라 평행 되게 작용하는 힘

이 낮은 수준), 7보다 낮으면 산성(H^+이 높은 수준)이다.

대부분 식물은 pH 5.5~7.0 사이에서 잘 자라지만, 일부 식물만이 이 값보다 크거나 낮은 값을 선호한다. 토양의 pH 범위는 3.5~10.5인데 극단적인 경우를 제외하면, 대부분은 5~8.5 사이이다.

이것은 잘 알려진 지식이지만, pH가 로그(상용) 단위로 측정된다는 것을 잘 모른다(고등학교 수학을 기억해 보라). 즉, pH 8은 pH 7보다 10배 더 알칼리성이 높으며, pH 1단위의 변화는 실제로 10배의 산성 변화이다. 예를 들어, pH 5에서 7까지의 2의 변화는 100배가 변한 것이라서 상당히 큰 변화이다.

pH는 토양을 형성한 암석에 큰 영향을 받는다. 화강암, 사암, 셰일은 산성암이며 산성 토양을 생산한다. 석회암과 현무암은 알칼리성 암석이라서 알칼리성 토양을 만든다. 이 암석들이 계속 풍화되고, 여러분의 토양에 일부로 남아있는 한 pH를 바꾸기는 어려울 것이다.

석회질 토양은 약간 다르다. 탄산석회나 석회암이 암반층이라면 높은 수준의 탄산칼슘($CaCO_3$)을 토양에 함유하여 알칼리성을 띤다. 유기질 토양도 암석 풍화물 대신 식물성 물질이 층층이 쌓이면서 만들어져서 토양 특징이 달라진다. 이탄 늪과 습지에서 발견되는 이 토양은 분해 과정에서 나온 유기산 때문에 산성이다.

토양의 pH 또한 2가지 측면에서 빗물에 영향을 받는다. 빗물에 CO_2가 녹으면 탄산이 되고, 이것이 땅에 닿을 때쯤이면 빗물의 pH는 약 5.5이다. 빗물이 떨어지면서 오염물질도 흡수하면, 토양은 훨씬 더 산성이 될 수 있다.

강우량이 많은 지역은 빗물 속의 H^+이 토양 깊숙이까지 이온(미네랄)

을 대체하여, H^+의 상대적인 수가 늘어나 산성토양이 된다. 반면, 강수량이 적은 건조한 지역에서는 수분 증발로 인해 낮은 수위에서 지표면으로 칼슘이나 나트륨과 같은 무기염류를 운반해 알칼리성 토양이 된다.

아래와 같은 과정 또한 토양을 산성화할 수 있다.

- 토양 속의 식물 뿌리와 토양생물의 호흡은 산성물질인 CO_2를 생성한다.
- 유기물의 분해는 유기산을 생성한다.
- 식물은 토양에서 무기염류(영양소)를 흡수하여 H^+을 배출한다.

토양 pH도 인위적으로 바뀔 수 있다.

- 유황은 pH를 낮춘다.
- 석회는 pH를 높인다.
- 비료는 pH를 높이거나 낮출 수 있다.
- 퇴비와 두엄은 pH를 변화시킬 수 있다.

책이나 인터넷의 주장보다 현실에서 토양 pH를 바꾸는 것이 훨씬 어렵다. 대부분의 경우에 빠르게 원래의 pH로 되돌아간다.

아마도 식물에 이상적인 pH 범위가 6~7이라고 들어본 적이 있을 것이다. 이것은 광물 토양(암석으로 만든 것)에 해당하지만, 유기질 토양(이탄 늪지와 습지)의 경우 5.5~6까지가 적당한 범위이다.

토양의 오해와 진실: 토양 pH

사람들은 '토양 pH'에 대해 이야기하지만, 실제로 언급하는 것은 토양입자를 둘러싼 물의 pH, 즉 토양용액이다. 또 전체 토양면적의 평균 pH이다. 토양 내의 특정한 위치는 상당히 다를 수 있다. 유기물이 많아 세균 활동이 활발한 토양은 유기물이 적은 곳과 pH가 다르다. 점토입자의 pH는 점토에서 추출한 토양용액과 pH 1단위만큼 다를 수 있다.

또한, 식물 뿌리가 자라는 근권*의 pH는 뿌리의 생리작용에 영향을 받아 상당히 다를 수 있다.

pH 및 양분유효도

식물 생장에 있어 적정 pH가 필수요인이라 생각하겠지만, 실제로는 수소이온의 수치가 식물에 직접 영향을 주는 것이 아니다. pH의 문제는 그것이 토양용액의 영양 수준에 영향을 주고, 따라서 식물의 생장에 영향을 미친다는 것이다. 화학작용은 좀 복잡하므로 몇 가지 예를 들어 설명해 보자.

pH 7과 풍부한 무기영양소를 가진 토양을 상상해 보라. 우리가 토양에 수소이온을 추가한다면, pH가 낮은 산성이 된다. 이 낮은 pH에서 인(P)은 알루미늄(Al)과 반응해 침전하여, 토양용액에서 두 이온(P, Al)의 수는 줄어든다. 이런 상태에서 식물들은 제대로 자라기에 충분치 않다. 토양에는 여전히 두 이온이 많이 있지만, 식물이 쓸 수 없는 형태이다. 이런 상태를 인산 불용화不溶化라고 토양학자들은 부른다.

---

* 근권(根圈, rhizosphere)은 식물 뿌리의 생리작용에 영향을 받는 토양 권역을 말한다. 식물 뿌리는 토양에서 수분과 무기양분, 산소를 흡수하면서 탄산가스나 유기물을 생성하고 아미노산, 유기산, 탄수화물 등을 분비한다. 죽은 뿌리는 식물체에서 탈락하여 토양의 유기물원이 된다. 이로 인해 근권토양의 pH, 유기물량, 미생물이 비근권 토양과 다른 양상을 보인다.

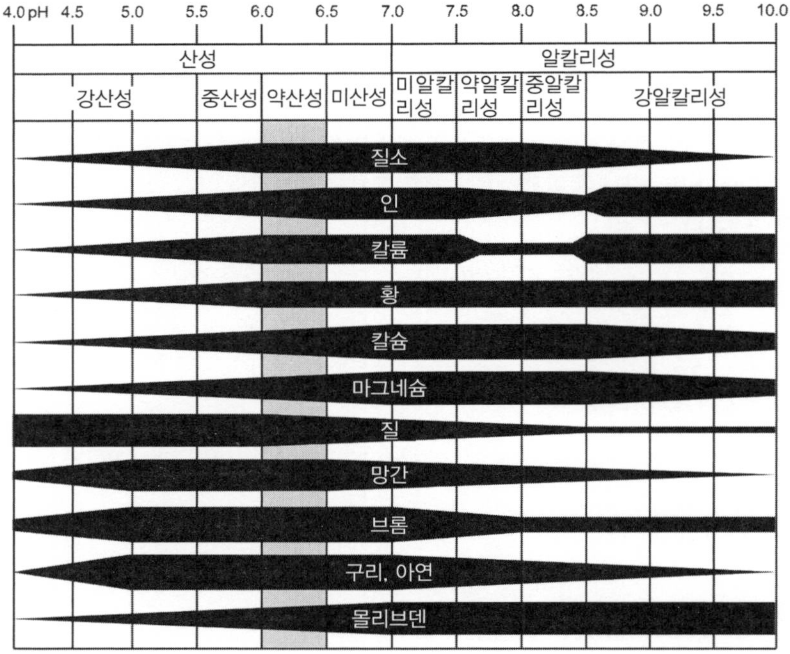

pH는 양분유효도에 영향을 미친다.

만약 토양을 알칼리성으로 만든다면, 칼슘은 철과 반응해 토양용액의 철(Fe) 이온 양을 감소한다. 식물들은 이용 가능한 철이 부족해져 잎맥간황백화가 진행된다. 철분은 잎의 녹색 부분인 엽록소를 만드는 데 필수적이며, 식물이 충분히 얻을 수 없을 때 잎맥 사이가 노란색으로 변색이 일어난다. 문제는 토양 내 철이 없어서가 아니라 흡수 가능한 철이 부족한 점이다.

대부분의 식물 영양소는 pH의 영향을 받는다. 무기영양소는 보통 중성 pH에서 더 많이 식물에 이용될 수 있고, 극단적인 pH 값에서 줄어든다. 위 그림은 다양한 양분유효도가 pH에 따라 어떻게 변화하는지 보여준다. 상대적인 양을 나타내므로 주어진 pH에서 사용 가능한 양을 계산하는 데 쓸 수 없다.

pH 및 독성

식물은 특정 무기영양소를 필요로하지만, 이것의 농도가 너무 높으면 독성이 될 수 있다. 낮은 pH에서 알루미늄과 망간은 독성 수준에 도달할 수 있다.

알루미늄(Al) 이온은 토양용액과 점토 입자에서 발견되지만, pH가 높을수록 토양용액의 양이 적어진다. 반면 pH가 산성이 높아지면 점토입자의 내부에 있는 Al이 방출되어 주변 토양용액 농도가 뚜렷하게 높아진다. 어느 순간 Al은 독성이 되어 뿌리 생장을 억제한다. Al 독성은 보통 사질토나 유기질 토양에서는 문제가 되지 않는다.

황산알루미늄은 일반적으로 권장되는 비료이지만, 독성이 있을 수 있으므로 식질토에 사용해서는 안 된다.

pH와 토양생물

토양에 사는 생물 또한 pH의 영향을 받는데 이것들은 대부분 중성 토양에서 잘 산다. 세균과 방선균은 약알칼리성을 선호하며, 곰팡이는 약간 산성을 선호한다. 지렁이와 큰 생물체들은 pH 5 이상이 필요하고, 7 근처에 잘 산다.

특별한 미생물은 거의 모든 pH에서 발견될 수 있다. 세균은 pH 1과 pH 11에서도 존재한다.

제2장

식물의 양분

식물은 2가지 주요 범주의 영양소를 쓰는데 광물과 비광물非鑛物이다. 비광물 영양소는 식물체의 96%를 차지하는데 산소(O), 수소(H), 탄소(C)이다. 식물은 공기에서 이산화탄소(CO_2)를 흡수하여 대부분 탄소와 일부 산소를 이용하며, 뿌리를 통해 물과 산소를 흡수한다. 물은 잎으로 이동하여, 거기서 O와 H로 분해된다. 토양에 정상적인 양의 물과 공기가 있다면, 건강한 식물은 필요한 모든 비광물을 얻는데 문제가 없다.

질소(N), 인(P), 칼륨(K)과 같은 광물 영양소는 식물 무게의 4%에 불과하지만, 식물 생장에 필수적이다. 이 장의 대부분은 광물 영양소에 관해 초점을 맞추었다.

식물은 광물 영양소를 4가지 공급원으로부터 받는다. 토양광물, 유기물, 점토와 부식질에 흡착된 영양소, 그리고 토양용액이다. 이러한 영양소는 보통 식물이 직접 이용할 수 없다. 유기물은 분해되어야 식물이 쓸 수 있다. 토양과 부식질에 흡착된 영양소는 식물 뿌리에 접근하기 전에 토양용액, 즉 토양입자와 식물 뿌리를 둘러싸고 있는 수분에 녹아 흡수된다.

이온

영양소를 더 자세히 논하기 전에 화학을 이해하는 것이 중요하다. 아마도 철(Fe), 아연(Zn), 칼륨(K), 칼슘(Ca), 마그네슘(Mg)과 같은 많은 영양소의 이름을 알고 있을 것이다. 하지만 이것들이 모두 금속이라는 점을 모를 수도 있다. 예를 들어, 순수한 칼슘은 은회색으로 칙칙하고 철(Fe)처럼 보인다.

우리는 철, 칼슘, 마그네슘을 이용하는 식물에 관해 이야기하지만, 사실 식물들은 이런 것들을 바로 사용할 수 없다. 토양에 쇠못을 박아놓아도 식물은 아무것도 먹지 않는다. 일단 이온이라고 불리는 형태로 변환된 후에야 이 금속들을 식물이 흡수해 이용할 수 있다.

칼슘이 공기에 노출되면 산소와 화학반응으로 녹의 한 종류가 만들어진다. 이것은 칼슘과 산소가 1개씩 결합하여 만들어진 흰색 분말 산화칼슘(CaO)이다. CaO이 물에 녹으면 칼슘과 산소가 이온이라고 불리는 하전 입자*로 나눠진다. 칼슘 이온은 양전하(양이온)를 가지며, 산소 이

* 전기적으로 양성이나 음성 전하를 가진 이온입자

온은 음전하(음이온)를 갖는다.

물 자석을 떠올려보자. 물 분자의 한쪽 끝에는 양전하가 있고, 다른 쪽 끝에는 음전하를 갖고 있었다. 산화칼슘이 두 개의 하전 입자로 분리되는 것이 바로 이 성질이다. 양전하인 칼슘은 물 분자의 음전하 하단에 끌리고, 산소는 다른 분자에 끌린다.

일단 칼슘이 이온의 형태로 되면, 식물은 뿌리를 통해 칼슘을 흡수하여 식물 안에서 쓸 수 있다. 우리는 식물이 '칼슘'을 이용한다고 말하지만, 실제로 사용하는 것은 '칼슘 이온'이다. 이것은 중요치 않은 의미처럼 보일 수 있지만, 영양소가 토양에서 어떻게 작용하고, 식물이 어떻게 이용할 수 있게 되는지 이해하는 데 중요하다.

식물이 이용하는 모든 광물 영양소는 어떤 형태의 이온을 형성한다. 어떤 것들은 위의 칼슘 예보다 복잡하지만, 원리는 정확히 같다. 아래 표는 다량 영양소와 그 이온 형태를 보여준다.

화학물질과 이온형태의 영양소

영양소 명칭	화학기호	이온 형태	이온명
탄소	C	없음	–
수소	H	H^+	–
산소	O	없음	–
질소	N	NO_3^-, NH_4^+	질산염, 암모늄
인	P	HPO_4^{2-}, $H_2PO_4^-$	인산염
칼륨	K	K^+	–
칼슘	Ca	Ca^{2+}	–
마그네슘	Mg	Mg^{2+}	–
황	S	SO_4^{2-}	황산염

염류란 무엇인가?

일반 대중들은 염류鹽類, salts라는 용어를 식염, 즉 염화나트륨(NaCl)으로 이해한다. 그러나 화학자, 토양학자, 그리고 이 책은 이온으로 구성된 화합물을 지칭하기 위해 이 용어를 사용한다. 염화나트륨(식염)은 많은 종류의 염류 중 하나이다. 염화나트륨(NaCl)이 물에 녹으면 나트륨 이온(Na^+)과 염화 이온(Cl^-)으로 나뉜다.

합성비료에서 발견되는 질산암모늄과 인산칼륨과 같은 화합물도 산화칼슘(CaO)과 마찬가지로 염류이다. 단, 요소비료는 탄소, 수소, 산소, 질소 등으로 구성된 유기화합물로 물에서 이온을 형성하지 않으므로 염류가 아니다.

염화나트륨은 물에 나트륨(Na^+) 이온을 방출한다. 식물을 포함한 모든 생물체는 약간의 나트륨이 있어야 한다. 하지만, 토양에 있는 나트륨의 양이 증가함에 따라, 이것은 식물과 미생물에게 독성이 될 수 있다. 정원 토양에 나트륨이 들어가지 않게 하는 것이 바람직하다.

염류는 또한 삼투압과 관련하여 식물에 해로울 수 있다. 물속의 이온은 강한 자석처럼 작용하고 염류 자신 쪽으로 물을 끌어당긴다. 한 곳의 토양에 이온의 양이 많고 이웃한 곳이 적다면, 더 많은 쪽으로 물이 움직인다.

토양의 오해와 진실: 염류는 토양 미생물을 죽인다.

사람들은 합성비료의 염류가 토양생물에 해를 끼친다고 믿지만, 그것은 사실이 아니다. 합성비료는 물에 녹아서 이온을 형성하는데, 정확히는 두엄이나 퇴비와 같은 유기화합물에서 방출되는 이온과 같다. 이것들은 미생물과 식물의 생장에 필수적이다. 어떤 화학물질이 아무리 유용해도 지나치게 많은 양은 독성이 될 수 있다. 물을 너무 많이 마시면 사람이 죽는다. 적절한 양의 비료를 쓰면 토양생물에 해를 끼치지 않는다.

식물 뿌리는 이 현상을 유리하게 이용한다. 뿌리 안에 고농도의 이온을 유지하고 있고, 통상 토양수분은 뿌리 내부로 흐르게 한 다음 식물조직으로 운반한다(물 이동: 토양→뿌리 내부).

너무 많은 비료를 토양에 뿌리면 어떻게 될까? 비료의 염류는 뿌리 내부보다 토양의 이온 농도를 높게 만든다. 이 상태에선 뿌리 내부에서 토양 쪽으로 물이 흐르게 한다(물 이동: 뿌리 내부→토양). 이러한 물 손실로 식물은 가뭄 조건과 같은 상태가 되어, 윗잎이 마르기 시작한다. 비료를 너무 많이 쓰면 잔디밭이 갈색으로 변하는 까닭이다. 잎이 뿌리에서 충분한 물을 얻을 수 없어 타버린 것처럼 보인다.

토양의 영양소 이동

모래와 미사 입자는 표면에 전하가 거의 없어 이온이 잘 달라붙지 않는다. 영양소 이온들은 이 입자들에 붙어 있지 않고 물과 함께 계속 움직인다. 이 때문에 물은 쉽게 모래와 미사에서 영양소를 씻어내어 토양 깊숙이 운반하는데, 이런 토양은 비옥도가 떨어진다.

점토와 유기물은 음전하(-)와 양전하(+)를 모두 갖고 있지만, 대부분 음전하를 띤다. 음이온과 양이온 모두 점토와 유기물에 단단하게 달라붙어 물에 잘 씻겨 나가지 않는다. 식질토나 유기물이 많은 토양에 빗물이 흘러 영양소를 심토층으로 운반하지만, 그 효과는 미미하다. 대부분 영양소는 제자리에 머물러 있다. 사질토보다 식질토에서 훨씬 더 느리게 영양소가 움직인다.

식물 필수영양소

필수영양소는 식물이 생존하기 위해 반드시 있어야 한다. 이 중에 탄소, 산소, 수소는 공기와 물에서 얻고, 나머지는 뿌리를 통해 흡수된다.

토양의 오해와 진실: 유기 영양소가 더 좋다.

사람들은 합성비료의 영양소보다 퇴비 등의 유기물 자원에서 나오는 영양소가 식물에 훨씬 더 좋다고 믿는다. 유기농 캠페인으로 알려진 이 흔한 사실은 완전히 잘못된 것이다.

대부분의 합성비료는 염류 화합물로 이루어져 있다. 좋은 예는 질산암모늄, 탄산칼슘, 인산칼륨이다. 이것들이 물에 녹으면 이온, 즉 암모늄, 질산염, 칼슘, 탄산염, 칼륨, 그리고 인산염으로 분리된다. 식물 뿌리는 이 모든 것을 흡수할 수 있다.

두엄이나 퇴비와 같은 유기물을 토양에 뿌리면, 그것은 합성비료에서 발견되는 같은 이온으로 서서히 분해된다. 유기물 자원에서의 질산염 이온은 합성비료의 질산염 이온과 정확히 같다. 이런 이온이 물에 방출되면 토양분석실험실과 식물 모두 두 공급원 사이의 차이를 구별할 수 없다.

이것을 이해하게 되면, 두 공급원이 정확히 같은 영양소를 제공한다는 것이 분명해진다. 영양소 이온은 유기물에서 비롯될 수 있지만, 이것들이 합성비료에서 나오는 이온보다 더 유기적인 것은 아니다. 영양소 이온은 모두 무기질이다.

많은 양이 필요한 대량영양소는 질소(N), 인(P), 칼륨(K), 칼슘(Ca), 황(S), 마그네슘(Mg) 등이다. 많은 토양에 Ca, S, Mg이 풍부하여, 비료의 주성분은 N, P, K이다.

미량영양소는 붕소(B), 염소(Cl), 망간(Mn), 철(Fe), 아연(Zn), 구리(Cu), 몰리브덴(Mo), 니켈(Ni), 코발트(Co)이다. 실리콘(Si), 니켈(Ni), 염소(Cl), 코발트(Co)가 필수인지에 대해서는 여전히 논란이 있다.

식물들은 필수적이지 않은 영양소(비필수영양소)를 추가로 이용할 수 있다. 식물이 쓸 수 있다면 그것들을 이용하겠지만, 식물의 식단에 꼭 필요로 하지 않다는 것을 의미한다. 어떤 경우에는 특정 유형의 식물에서만 발견된다. 유익한 영양소라고도 불리는 비필수영양소는 알루미늄(Al), 셀레늄(Se), 나트륨(Na), 바나듐(V), 갈륨(Ga)이 있다. 탄소, 수소, 산소를 제외하고, 유용한 광물 영양소는 총 21개이다.

토양의 오해와 진실: 식물은 많은 다양한 영양소를 사용한다.

생선비료, 바닷소금, 암석가루 등 시중에 유통되는 수많은 제품은 더 많은 영양소가 있어 좋다고 홍보한다. 예를 들어, 호주의 바닷소금이 함유된 제품은 식물에 유익한 99가지 원소가 들어있다고 강조한다. 어떤 사람들은 물고기가 바다에 살기 때문에 모든 영양소를 식물에 제공할 수 있다고 주장한다. 암석가루인 아조마이트(Azomite)는 67개의 필수 무기물을 가지고 있다고 한다.

스탠퍼드대학에 따르면, 바닷소금은 단지 42개의 원소, 47개의 무기물이 들어있다고 한다. 식물은 최대 21개까지 영양소로 이용하며, 이 중 일부는 필수적이지 않다. 식물이 이용할 수 없는 영양소를 주는 것은 자원 낭비이다.

질소

질소는 정원사로서 걱정해야 할 중요 영양소이다. 탄소, 수소, 산소 다음으로 식물에 가장 많이 필요로 하는 영양소이며, 특히 서늘한 기후대의 토양에서 가장 부족할 수 있는 영양소이다.

질소는 모든 종류의 큰 분자조직의 구성 요소가 된다. 특별한 단백질인 효소는 16%의 질소가 들어있다. 효소가 화학반응을 일으키므로 광합성 등의 식물에서 일어나는 모든 것을 통제한다. 질소는 또한 DNA, RNA, 엽록소 일부이기도 하며, 모두 식물 생장에 필수적이다.

시판용 합성비료는 암모늄(NH_4), 아질산염(NO_2), 질산염(NO_3), 요소(CH_4N_2O) 등 다양한 형태의 질소가 들어있지만, 식물은 질산염과 암모늄만을 직접 흡수해 이용한다. 교목과 관목은 암모늄을 더 많이 이용하는 경향이 있고, 채소와 곡물 작물은 질산염을 선호한다.

식물이 바로 이용할 수 없는데 합성비료에 아질산염과 요소가 들어있을까? 그 대답에는 정원 가꾸기에 중요한 개념을 담고 있다. 토양 속의 미생물은 한 형태를 다른 형태로 바꿀 수 있는데, 이 현상은 항상 일어나고 있다. 이러한 변환은 매우 빠르게 이루어지므로 토양시료를 실험실로 가져올 때쯤이면 이미 너무 변해서 분석이 무의미해질 수 있다. 질소를 분석하려면 시료를 채취하자마자 냉동 보관하여 실험실로 운반해야 한다.

암모늄, 아질산염, 질산염, 요소는 모두 물에 잘 녹는데 일단 녹으면, 그들은 물과 함께 움직인다. 빗물과 관개는 쉽게 질소를 토양에서 씻어내 강과 호수로 보내어 오염을 유발한다(부영양화 현상).

정원사에게 이것이 무엇을 의미할까? 질소는 식물에 중요한 영양소이지만, 토양에서는 불안정하다. 이것은 한 형태에서 다른 형태로 쉽고 빠르게 변환되고 씻겨져 용탈된다. 여러분의 식물들은 아침에 많은 질소를 쓸 수 있고, 비가 온 후에 질소가 부족할 수 있다. 정원사로서 여러분은 식물이 얼마나 많은 질소를 이용할 수 있는지 알지 못한다. 왜냐하면 그 양이 너무 빨리 변하기 때문이다. 질소는 식물에 공급되지 않을 가능성이 가장 큰 영양소이다.

비록 질소가 중요하지만, 너무 많은 질소는 좋지 않다. 지나치게 많은 질소량은 식물조직을 부드럽고 약하게 웃자라게 해서 질병과 해충에 취약해지기 때문이다. 또 작물의 열매 숙성을 늦추고, 겨울을 위해 조직 경화를 지연시켜 추위에 약해지고, 채소의 풍미에 좋지 않을 영향을 줄 수 있다. 너무 많이 주면, 꽃과 과일 대신 뿌리, 줄기, 잎의 생장을 촉진한다.

지금까지 식물이 이용할 수 있는 형태의 질소에 관해 이야기했지만, 이것은 토양에서 약 3%에 해당한다. 나머지 질소는 살아있는 유기물과 죽은 유기물의 큰 분자로 묶여 있다. 유기물 분해는 연간 헥타르(ha)당 약 100kg의 질소를 생산한다.

질산염(NO_3^-)과 아질산염(NO_2^-)은 둘 다 음전하를 띠는 음이온(-)이라서 토양에서 빠르게 빠져나간다. 암모늄(NH_4^+)은 양이온(+)이라서 음전하의 점토와 유기물에 달라붙어 용탈 과정이 늦다. 이런 까닭으로 토양에서 암모늄으로 전환되는 요소는 질소비료로서 더 나은 선택이다.

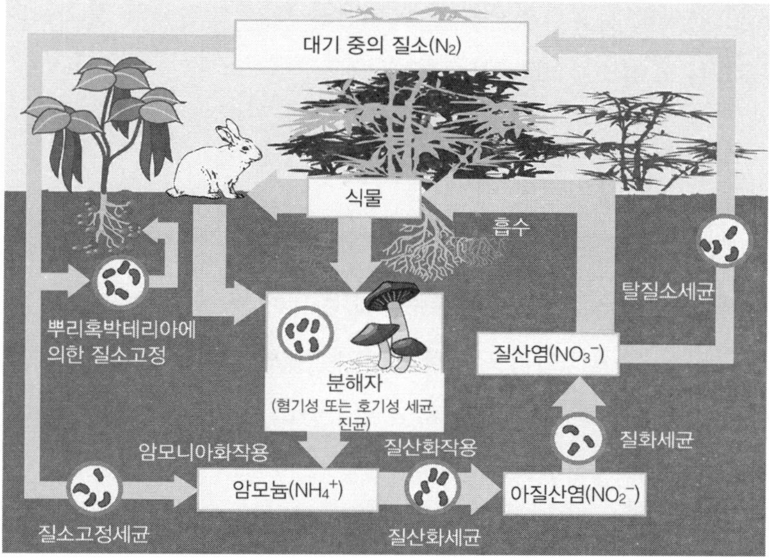

질소순환

질소순환

대기중의 질소인 N_2는 우리가 호흡하는 공기의 78%를 차지하는 기체지만, 대부분 식물과 동물은 이를 바로 쓸 수 없다. 특정 세균, 남조류, 그리고 방선균은 질산화작용 또는 질소고정이라는 과정을 통해 N_2를 암모늄으로 변환할 수 있다. 다른 미생물들은 암모늄을 아질산염으로 바꾼 다음 질산염으로 바꾼다.

질소가 이온 형태로 변환되면, 식물과 미생물은 질소를 흡수하여 큰 분자로 고정시켜, 비로소 질소가 생물체 상태로 토양에 보관된다. 이 생물체들이 죽으면, 유기물은 천천히 분해되어, 질소는 다른 생물체들이 이용할 수 있게 된다. 이러한 식으로 질소는 생물체를 차례로 순환하는데, 이 과정은 지구상의 모든 생물체에 매우 중요하다.

몇몇 특별한 탈질소세균은 질소 이온을 다시 대기중의 질소로 바꾸어, 토양에서 질소를 방출할 수 있다.

인

인(P)은 식물 생장의 중요한 성분이다. 이것은 식물의 유전 물질인 DNA와 RNA의 일부이고, 세포벽에서 중요한 역할을 한다. 또 ATP*라는 분자의 구성 요소이기도 하다. ATP는 세포의 충전용 배터리와 같아서 에너지를 필요한 만큼 저장하고 방출한다. ATP는 광합성뿐만 아니라 많은 반응에 관여한다.

인은 자연적으로 용해된 암석에서 나오며, 사질토를 제외하고 대부분 토양에 존재한다. 질소와 달리, 인은 물에 잘 녹지 않으므로 자연적으로 토양에서 빠르게 유출되지 않는다. 사실, 대부분 인은 토양에 너무 단단하게 달라붙어서 식물 뿌리가 얻기 어렵다(인산 불용화).

* 아데노신에 3분자의 인산이 결합된 유기화합물이며, 생물이 직접 이용할 수 있는 화학 에너지를 ATP라는 물질에 저장한다.

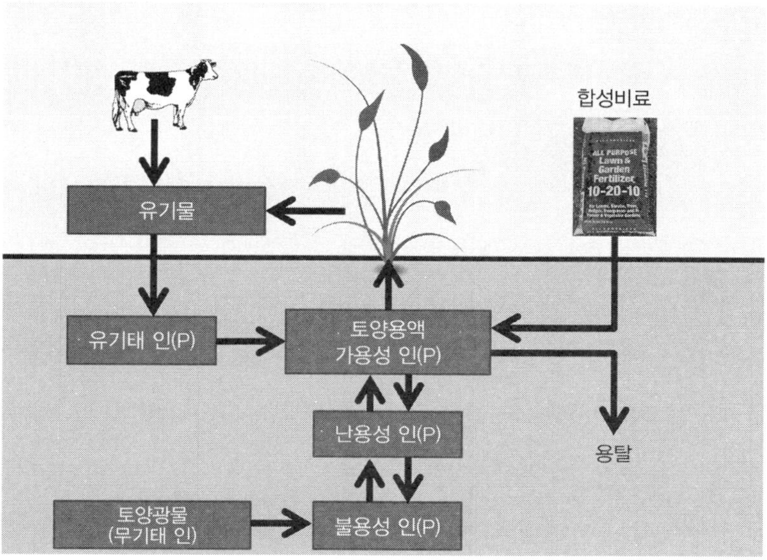

인의 순환

인은 2가지 기본적인 형태로 토양에 존재하는데 토양광물의 표면에 흡착된 '무기태 인'과 죽거나 살아있는 유기물에 묶여 있는 '유기태 인'이다. 전자는 3가지 다른 형태로 토양에 존재한다.

- 가용성 인(Soluble P): 토양용액에 녹아 매우 소량으로 식물에 제공된다.
- 난용성 인(Labile P): 토양입자에 의해 느슨하게 고정된다.
- 불용성 인(Stable P): 대부분 자유 인(P)은 토양입자에 의해 강하게 고정된다.

식물은 뿌리 시스템을 통해 가용성 인(P)과 난용성 인(P)을 흡수할 수 있는데 가용성 인은 이용이 가장 쉽다. 가용성 인이 소진되면 난용성 인의 일부는 가용성 인으로 바뀌어 식물이 쓸 수 있다.

상업용 비료는 대부분 인산염의 형태로 가용성 인이다. 인산비료를 토양에 뿌리면, 24시간 이내에 난용성 인으로 변환되고 결국 불용성 인이 된다. 여러분이 토양에 시비한 대부분 인산비료가 단기간에만 식물이 사용할 수 있고, 그 후에 토양입자와 결합하여 불용성 인이 된다. 가용성 인은 식물과 미생물이 이용하거나 빗물에 씻겨 용탈되므로 불용성 인은 난용성 인으로 변환되어 최종적으로 가용성 인으로 전환된다.

뼛가루와 인광석燐鑛石에 불용성 형태의 인 함량이 높아서 둘 다 비료로 판매된다. 이런 형태의 인은 천천히 분해된다. 중성 및 알칼리성 토양에서 인광석이 분해되는 데 너무 오랜 시간이 걸릴 수 있으므로 인 시비에 적합하지 않다.

일부 농업용 토양은 수년 동안 많은 작물을 경작했으므로 인 농도가 낮지만, 대부분 주택정원은 그렇지 않다. 2가지 예외가 있을 수 있다. 첫째, 사질토는 어떤 영양소도 거의 없어, 토양검사를 통해 주기적으로 인을 시비함으로써 효과를 볼 수 있다. 두 번째 예외는 집중적으로 경작된 토지 위에 새로 만든 주택정원이다. 2년 동안 인을 뿌리면 농사로 빠져나간 인을 다시 보충할 수 있다. 이 작업이 완료되면 향후 몇 년 동안 인을 거의 또는 전혀 시비할 필요가 없다.

토양의 오해와 진실: 인(P)이 뿌리 생장을 촉진한다.

비료에 관한 초기 연구는 인의 부족으로 뿌리의 생장이 저해된다는 것을 밝혔다. 이는 높은 수준의 인이 뿌리 생장을 촉진할 것이라는 생각으로 이어졌고, 공급업자들은 이식비료(transplant fertilizer)와 뿌리생장촉진제(root booster) 같은 제품 마케팅을 시작했다. 뼛가루에는 인이 많이 들어있어 인기가 많았다.

과학자들은 곧 토양에 적절한 인을 함유한다면 뿌리가 아주 잘 자란다는 것을 발견했다. 그러나 과도한 양의 인은 사실 뿌리 생장을 늦춘다.

불행히도 그 오해는 퍼져나갔고, 오늘날 많은 정원사는 여전히 식물을 심을 때 더 많은 꽃을 피우기 위해 높은 수준의 인을 장려한다. 대부분의 정원 토양에 인이 낮을 가능성은 적고, 더 많은 인산비료 시비는 식물에 아무런 이득이 되지 않는다. 도리어 호수와 강을 오염시킬 수 있다.

비록 인은 식물 생장에 중요하지만, 너무 많은 양이 미생물, 특히 균근균*에게 독이 될 수 있고, 이는 결국 식물의 생장에 악영향을 줄 수 있다.

심지어 정부와 비료회사들도 인이 대부분의 주택 정원사들에게 필요하지 않다는 것을 깨달았다. 미국의 일부 주는 잔디 비료에 인을 금지하고 있고, 일부 회사들은 정원 비료에 인의 양을 줄일 것을 권하고 있다.

인산염은 점토에 단단하게 달라붙어 있으므로 매년 6mm 정도 느리게 토양에서 움직인다. 이러한 까닭으로 인 비료는 통상 씨앗 바로 옆 토양에 깊숙이 넣어 뿌리가 자라나 흡수할 수 있게 한다. 표면 가까이에 두면 토양에 인이 축적되지만, 식물에는 아무런 도움이 되지 않는다.

주택 정원사의 결론은 간단하다. 너무 많은 인은 환경에 해롭고 토양 생물에 해를 끼칠 수 있다. 토양검사에서 인 부족이 판명되지 않는 한,

* 균근균은 기주식물과 함께 균근을 형성하여 공생 작용을 하는 사상균의 일종이다.

토양에 인이 풍부하다고 가정하고 상업적인 비료를 더 시비하지 말아야 한다.

토양의 오해와 진실: 잎을 보면 인(P)의 결핍을 확인할 수 있다.

식물의 잎에서 자주색 또는 붉은 색소 침착과 같은 전형적인 인 결핍 증상이 보인다고 가정하자. 이것은 인의 결핍일 수도 있지만, 낮은 온도, 강한 빛, 해충 피해, 그리고 물 부족 등 다양한 조건 때문에 야기될 수 있다.
또 인을 흡수하는 식물의 능력을 줄이는 질소 결핍일 수 있으며, 이는 인의 결핍으로 나타난다. 식물은 많은 질소가 필요하므로 더 많은 인을 토양에 시비하는 것은 이 문제를 해결하지 못한다.
대부분의 경우 식물 잎을 보고 영양소 결핍을 판단하기 쉽지 않다.

역사적으로 인산염을 비누와 다른 세정제 제품에 사용했다. 비료와 비누로 인한 인산염 증가는 강물의 부영양화의 주요 원인이며, 여기서 조류 번성을 일으키고, 수중의 산소량이 줄어들어 물고기가 죽는다. 최근 비누 제품에서 인산염이 제거된 주요 이유 중 하나이다. 모두가 인 비료의 사용을 줄이고, 토양검사에서 필요하다고 판정했을 때만 시비해야 한다.

칼륨

칼륨(K)은 식물 조직의 구성 요소로 흔히 쓰이지는 않지만, 잎의 기공 개폐를 조절해 CO_2와 물의 이동을 조절하는 데 중요하다. ATP, 단백질, 녹말의 형성과 식물의 생장을 담당하는 효소의 활성화에 칼륨이 관여한다. 또한 광합성과 추운 겨울을 대비(내한성)하는 데 중요한 역할을 한다.

칼륨은 분명히 주요 영양소이므로 식물은 많은 양의 칼륨을 필요로 한다고 보는 것이 논리적이지만, 사실이 아니다. 식물들은 칼륨을 재활용해서 계속해서 쓰므로 거의 고갈되지 않는다.

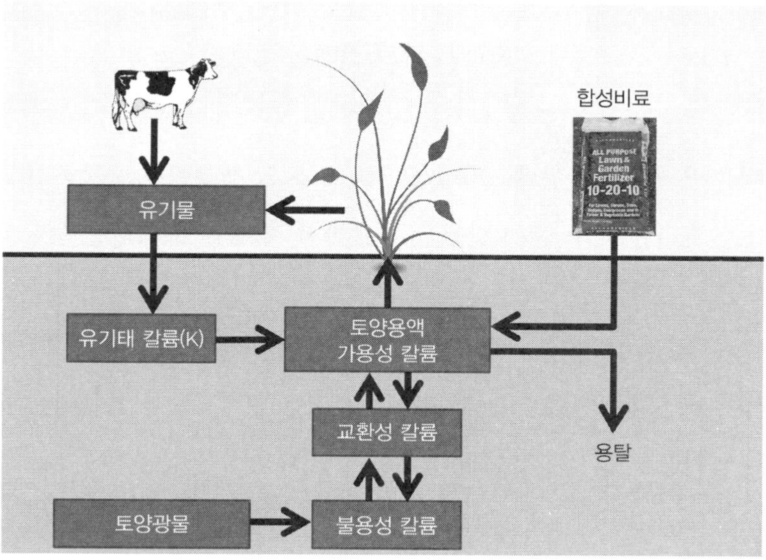

칼륨 순환

칼륨염은 물에 쉽게 녹고 이온 상태로 식물 뿌리로 흡수된다. 칼륨 양이온들은 교환성 칼륨이라는 형태로 점토와 유기물(부식질)에 붙는다. 식물 뿌리가 일부 토양용액을 흡수함에 따라, 많은 칼륨이 점토와 유기물에서 떨어져 나와 토양용액과 함께 식물 뿌리로 움직인다.

칼륨은 인보다 토양에서 더 빨리 움직이지만, 질소만큼 빠르지는 않다. 이는 토양 위에 뿌린 비료에 들어있는 칼륨이 식물 뿌리까지 도달하는 데는 꽤 오랜 시간이 걸리지만, 일단 식물 뿌리에 도달하면 더 오랫동안 쓸 수 있다는 것을 의미한다.

토양에 있는 칼륨의 95%가 이용 불가능한 칼륨 광물에 갇혀있다. 사질토를 제외하고, 대부분 토양은 많은 칼륨을 함유하고 있어 거의 부족하지 않다.

칼륨은 큰 유기화합물의 구성물질이 아니다. 대신에 이것은 세포 내 그리고 세포 주변에서 일어나는 식물 체액의 자유이온으로 존재한다. 그 결과 대부분 칼륨은 죽은 유기물로부터 꽤 빠르게 배출되며, 두엄과 같은 썩은 유기물을 토양에 소량만 공급해도 토양에 칼륨은 충분해진다.

식물 뿌리는 물과 함께 칼륨을 흡수하며, 칼륨을 섭취하는 능동적인 시스템을 가지고 있지 않다. 만약 토양용액에 더 많은 칼륨이 들어있다면, 식물은 더 많이 흡수하므로 식물이 필요 이상으로 섭취할 수 있다. 이러한 과잉이 식물을 이롭게 한다는 증거는 없다. 즉, 식물들이 칼륨을 과다 섭취함으로써 더 강해지거나 더 강한 내한성을 갖지 않는다.

칼슘

질소(N), 인(P), 칼륨(K) 다음으로 칼슘(Ca)은 식물이 많이 이용하는 영양소이다. 이것의 주요 쓰임새는 세포벽에 구조적인 지원에 있다.

뿌리는 수분을 흡수하는 동시에 칼슘을 수동적으로 흡수한다. 그러므로 식물이 흡수하는 칼슘량은 증산속도에 따라 달라진다. 높은 습도나 추위와 같은 조건들은 증산을 줄어들게 해 이 흡수량을 줄인다.

산성 토양을 제외하고 칼슘 결핍이 흔하지 않지만, 많은 양의 칼륨(K)은 칼슘(Ca)의 흡수량을 방해하여 결핍으로 이어질 수 있다(길항작용).

칼슘 양이온은 점토 입자에 흡수되어 토양구조를 안정시키는 데 도움을 준다. 즉, 작은 토양입자끼리 서로 묶는 역할을 해서 토양입자가 배수 통로를 막지 않게 해서 배수성을 좋게 한다.

마그네슘

마그네슘(Mg)은 토양에서 칼슘과 비슷한 작용을 하는데 칼슘보다 더 쉽게 용출되어 결핍이 흔하다. 사질토와 산성 토양을 제외한 대부분은 충분한 양을 함유하고 있다.

마그네슘은 광합성에 중요한 역할을 하고 효소를 활성화한다. 이것은 간접적으로 식물에서 일어나는 많은 반응에 관여한다. 식물은 마그네슘 이온을 수동적 방식과 능동적인 확산으로 흡수한다. 식물에서 발견되는 마그네슘량은 토양용액의 양과 직접적인 관련이 있다. 칼슘과 달리, 마그네슘은 식물 체내에서 이동성이 있어, 오래된 잎에서 어린잎으로 움직인다.

칼륨과 암모늄은 마그네슘과 경쟁하며, 마그네슘의 섭취량을 줄일 수 있다(길항작용). 둘 중 하나를 과도하게 토양에 뿌리면 확연히 마그네슘 결핍이 발생할 수 있다.

황

황(S)은 보통 주요 영양소 중 하나로 취급하지 않는다. 그러나 일부 국가에서는 황의 비율을 나타내는 N-P-K-S로 비료를 표시하기 시작했다.

식물은 황과 인을 같은 양으로 이용한다. 황은 단백질과 다양한 기름의 필수적인 성분이다. 양파의 향과 냄새는 황을 함유한 기름 때문이다. 또한 엽록소 형성과 같은 중요한 과정을 조절하고, 질소고정을 담당하는 콩과 식물의 뿌리혹 생성에 중요한 역할을 한다.

질소처럼, 황은 토양 최상층을 통해 빠르게 움직이지만, 심토층에 갇히게 된다. 긴 뿌리를 가진 식물들은 심토층에 도달해 황을 이용할 수 있다. 토양검사는 보통 최상부의 시료로 이루어지므로 식물이 이용 가능한 황의 총량을 알아내는 데 그다지 유용하지 않다.

사질토가 아니라면, 대부분 토양은 충분한 황을 가지고 있을 것이다. 유리 황*은 대부분 황산염 광물의 풍화에서 비롯된다. 무기물에 포함되지 않은 황은 70~90%가 유기물의 큰 분자로 묶여 있다.

최근 산성비와 불순물이 섞인 비료 시비로 충분히 토양에 공급되어 황 결핍은 드물어졌다. 최근 들어 저유황 연료 사용으로 산성비가 줄고, 고도로 정제된 비료 시비로 인해 농업 토양에 결핍 사례가 보고되고 있다. 그러나 주택정원 토양에 황이 부족한 경우는 드물다.

미량원소

식물들은 아주 적은 양의 미량 영양소를 쓰지만, 덜 중요하다는 의미는 아니다. 필수 영양소를 얻을 수 없다면, 식물은 자라지 않을 것이다. 하지만 미량 영양소는 대부분 토양에서 충분히 얻을 수 있으며, 사질토와 극단적인 pH를 가진 토양은 예외이다. 특별한 문제를 알지 못하는 한, 여러분의 토양에 미량원소의 부족함이 없다고 생각하기를 바란다.

양이온교환용량

점토와 유기물(부식질)은 음전하를 띠기 때문에 양전하를 띤 양이온을

* 결합하지 않고 자유로운 상태로 있는 황

붙잡는다. 식물 생장에 중요한 많은 영양소는 양이온이고, 따라서 이것들을 토양에 담을 수 있는 능력이 중요하다. 즉, 이 능력을 양이온교환용량(CEC)이라고 하며, 양이온을 보유하는 토양의 능력을 측정하는 척도가 된다. 높은 CEC Cation Exchange Capacity는 토양이 더 많은 양이온을 보유할 수 있다는 것을 의미하며, 토양 비옥도가 높다는 얘기이다. 낮은 CEC는 양이온이 적다는 것을 의미하며, 식물 생장에 좋지 않다. CEC는 또한 수소이온이 작용하기 때문에 토양구조와 토양산도(pH)의 안정성에 영향을 미친다. CEC가 높은 토양은 더 큰 완충능력을 가져 산성화가 어려워진다.

CEC는 점토 함량, 점토 종류, 토양산도, 유기물량에 따라 다르다. 순수한 모래는 점토 함량이 적어 CEC가 매우 낮다(CEC=2). 다양한 점토 종류들의 CEC값은 10~100의 범위를 가진다. 유기물은 250~400으로 CEC값이 높다. 이 숫자들은 토양 비옥도를 나타내고 있어, 점토와 유기물의 중요성을 분명히 보여준다.

CEC를 측정하는 단위는 cmolc/kg(국제단위계: SI 단위)으로서 토양 kg당 하전荷電 센티몰에 해당한다. 과거에는 mEq/100g 단위를 썼는데 SI 단위로 수치 변환이 없이 그대로 숫자를 읽으면 된다.

높은 CEC 토양은 영양소뿐만 아니라 제초제와 같은 화학물질도 잘 흡수한다. 만약 이 화학물질을 토양에 뿌리고 있다면, 어떤 물질은 토양 입자에 달라붙어 작용하지 않아 더 많은 농약이 필요할지도 모른다. 낮은 CEC 토양에선 영양소를 저장하지 못하고, 용출이 빨리 일어나 비료 효과가 낮아진다.

제3장

토양생물

발아래 토양 표층에는 지구상의 어느 곳보다 생물다양성이 높다. 하지만 이곳은 연구하기 어려운 환경이라서 여기에 사는 생물체에 대해 잘 알지 못하며, 그들의 상호작용에 대해서는 거의 모른다.

일반인들에게 토양은 식물이 자라는 것을 돕는 신비한 검은 물질이다. 가끔 크기가 큰 개미나 지렁이를 토양 속에서 보지만, 대부분 생물체는 너무 작아서 보이지 않는다. 정원사들은 미생물이 필수적이라고 알고 있지만, 그 까닭을 명쾌하게 설명하지 못한다. 이 장에서 중요한 토양생물을 살펴보고, 이것들이 어떻게 토양 비옥도와 식물 건강에 이바지하는지를 설명하려고 한다.

에너지 먹이그물

모든 살아있는 생물체는 살기 위해 에너지가 필요하다. 태양을 에너지원으로 사용하는 생물체는 독립영양생물이라고 하며, 탄소화합물을 쓰는 생물체는 종속영양생물이라고 한다. 몇몇 세균은 광물로부터 에너지를 얻을 수 있어 독립영양생물이라고도 한다.

식물, 조류藻類, 그리고 소수의 특수세균은 독립영양생물이고, 그들은 광합성을 통해 그들만의 탄소화합물(먹이)을 생산할 수 있다. 그들은 태양 에너지를 이용하여 공기 중의 이산화탄소(CO_2)를 에너지가 풍부한 탄소화합물로 바꾼다.

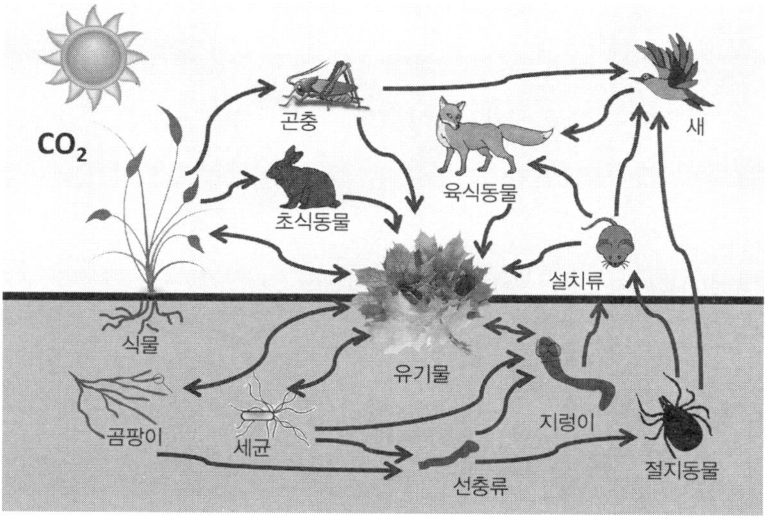

에너지 먹이그물

종속영양생물은 스스로 먹이를 만들 수 없어서 설탕, 지방, 탄수화물과 같은 탄소화합물을 함유한 생물체를 먹어 생존에 필요한 에너지를 얻는다. 섭취한 먹이는 소화되어 화학물질을 몸 안의 대부분 세포에 분배한다. 탄소는 우리의 에너지원이다.

에너지 먹이그물은 탄소가 식물에서 대부분의 다른 형태의 생물체로 어떻게 이동하는지 보여주며, 한 생물에서 다른 생물로 전달되어 생물체가 죽을 때까지 보여준다. 그 시점에서, 죽은 생물체의 탄소는 미생물의 에너지원으로 사용되고, 미생물은 더 큰 종속영양생물의 먹이가 된다. 탄소가 생물체에서 생물체로 이동하면서 다시 죽은 생물체가 되고, 그 순환이 반복된다. 핵심은 모든 탄소 에너지가 독립영양생물에 의해 만들어지는데 대부분 식물이 그 역할을 한다.

설명한 것처럼 에너지 먹이그물이 계속된다면 지구의 탄소화합물의 양은 계속해서 늘어날 것이다. 하지만 그렇지 않다. 생물체가 먹이를 소화하고 이용함에 따라, 그들은 호흡을 통해 CO_2를 생성한다. 동물들은 CO_2를 내뱉어 대기로 보냈다. 식물의 뿌리는 숨을 쉴 때도, 식물을 퇴비화하는 과정에서도 CO_2가 생성되는데, 이는 생물 호흡의 결과이다.

거대분자의 힘

우리가 하나의 세포를 자세히 관찰해보면, 모든 종류의 화학물질이 세포에 가득 차 있다는 것을 알 수 있다. 인간은 약 60%의 물로 구성되며, 식물은 95%가 물인데 대부분 물은 세포 안에 있다. 세포는 또한 새로운 더 거대분자를 만들기 위해 세포가 이용할 영양소를 물속에 녹여 놓았다.

세포의 중요한 부분은 단백질, 탄수화물, 지방, DNA와 같은 분자로 이루어져 있다. 이러한 분자의 크기를 보자면, ATP 합성효소로 알려진 단백질은 CO_2 분자보다 10,000배 더 크다. DNA는 이 단백질보다 수천 배 더 크다.

세포의 내용물은 내부 제자리를 유지하기 위해 일종의 외부 껍질인 막으로 둘러싸여 있다. 세포 내부에서 분자들은 계속해서 작은 분자로 분해되고, 다시 새로운 큰 분자로 만들어진다. 대부분 영양소는 거대분자의 형태를 띤다.

영양소를 더 큰 분자로 바꾸는 과정을 부동화작용immobilization이라고 한다. 그 반대 과정은 무기화작용mineralization이라고 하는데 큰 분자는 단순한 무기물과 이온으로 분해된다. 생물체가 자랄 때, 기본 구성요소인 영양소를 흡수하여 거대한 분자로 고정함으로써 새로운 세포를 만든다.

생물체가 죽으면 무슨 일이 일어날까? 세포는 생리현상을 멈추고, 분자 활동은 대부분 정지한다. 분자는 더는 생성되거나 파괴되지 않는다. 사망 당시 거기에 있던 것이 변하지 않는 경향이 있지만 몇 가지 작은 변화가 일어난다. 1주일 동안 식탁에 놓인 바나나가 여전히 변화가 없이 보이고 대부분 세포는 그대로 있지만, 껍질이 갈색으로 변하기 시작한다.

우리 눈에는 이러한 변화가 중요해 보이지만, 분자 수준에서는 아주 미미하다. 바나나를 흙 속에 파묻더라도 거의 모든 큰 분자들은 변하지 않는다. 식물은 뿌리를 통해 영양 이온과 몇 개의 작은 분자들만 흡수할 수 있다. 썩은 바나나를 식물 뿌리 옆에 파묻으면, 식물에 거의 아무런 도움이 되지 않는다. 왜냐면 식물은 거대분자를 이용할 수 없고, 영양 이온은 여전히 보호 세포벽 안에 갇혀있기 때문이다.

반면에 미생물은 바나나를 먹이원으로 이용할 수 있다. 그들은 세포벽을 공격하는 소화 효소를 분비한다. 세포벽이 파괴되면 깨진 달걀처럼 내부 물질이 쏟아져 나온다. 방출된 물과 영양 이온은 이제 식물이 이용할 수 있지만, 여전히 대부분 물질은 거대분자 형태라서 식물이 바로 쓸 수 없다. 천천히 다양한 종류의 미생물이 거대분자를 작은 분자로 쪼갠 다음 더 작은 분자로 분해하기 시작한다. 어느 시점에서 모든 거대분자는 영양 이온과 CO_2, 물과 같은 작은 분자로 무기화된다. 이 과정은 두엄더미와 토양에서 수년에 걸쳐 매우 느리게 일어난다.

이 이야기는 유기물의 특별한 특징 중 하나를 보여주는 것이다. 식물에 유용한 영양소가 방출하면 천천히 분해된다. 죽거나 살아있는 유기물 모두에서 발견되는 거대분자는 식물 영양소를 저장하는 용기 역할을 한다. 이 저장 메커니즘은 영양소가 순환되고 식물이 쓸 수 있도록 하는 방식에 중요하다.

곰팡이와 세균의 비율

곰팡이와 세균은 토양에서 영양소 이동에 중요하며 결과적으로 식물 건강에 중대한 역할을 한다. 곰팡이와 세균의 비율은 토양의 위치와 역사에 따라 다르다. 낙엽활엽수림은 이들의 생물량 비율이 10(곰팡이) : 1(세균)인 반면 침엽수림은 100 : 1이다. 곰팡이 질량이 세균보다 훨씬 크므로 이곳은 곰팡이투성이 세상이 된다. 자연 초원과 생산성이 높은 농경지에는 1 : 1 이하의 비율로 분포하여 세균이 더 우세하다. 농경지의 경작은 곰팡이 균사체를 파괴하므로 그 비율이 훨씬 낮아진다.

이러한 차이 때문에 일부 사람들은 이 비율을 관리하고 개선하는 데 특정 유형의 식물을 키우는 것이 좋다고 추측한다. 건강한 식물을 기르려면 특정한 비율이 필요하다는 과학적 증거가 거의 없다. 토양에 곰팡이나 세균을 첨가하면 그 비율이 바뀔 수 있다는 것에 대한 근거도 없다. 건강한 토양을 만드는 것은 곰팡이와 세균 모두의 수를 늘리는 것이다. 실제 비율은 중요치 않다.

토양 속의 화학물질

모든 종류의 화학물질이 자연적으로 토양에 들어간다. 식물, 미생물, 동물은 모두 수천 개의 화학물질을 배설하고, 그것들이 죽고 분해될 때 더 많은 화학물질이 첨가된다. 식물은 공기와 토양에 많은 수의 천연 살충제를 생산한다. 자연산이라서 모두 안전하다고 생각할 수도 있지만, 이는 사실과 거리가 멀다. 이들 중 다수는 높은 농도로 축적되면 다양한 생물체에 독성이 있거나 발암물질이 된다. 인간이 만든 화학물질은 대기오염물질, 살충제, 분뇨 등의 형태로 토양에 들어간다.

이 모든 화학물질은 천천히 축적되어 토양의 독성물질이 된다. 토양 미생물들은 토양에 첨가된 거의 모든 화학물질을 흡수하거나 분해할 수 있다. 이미 분해된 수은이나 카드뮴 같은 중금속은 예외다. 미생물은 기본적으로 이 모든 화학물질을 먹어 치운다. 심지어 라운드업Roundup*과 기름을 분해하는 세균도 있다. 시간이 지남에 따라 토양에 첨가되는 화학물질은 기본적인 형태인 CO_2, O_2, 물로 분해된다.

과학자들은 화학물질의 반감기, 즉 화학물질의 절반이 환경에서 자연적으로 제거되는 데 걸리는 시간에 관해 이야기한다. 라운드업의 유효

* 미국 몬산토사에서 개발한 비선택성 제초제

성분인 글리포세이트Glyphosate는 토양에서 반감기가 약 3개월이다. 반면 DDT(유기염소 계열의 살충제)는 조건에 따라 반감기가 2년에서 15년이다. 일부 살충제는 세균에 의해 너무 빨리 분해되어, 이 손실량을 보충하기 위해 지나치게 뿌려진다.

병원체 제어

토양에 있는 대부분의 미생물은 이로운 생물체이고, 식물 생장에 거의 간섭하지 않고 살아간다. 극소수만이 질병을 일으키는 식물 병원성 미생물이다. 이 병원균들은 어디에나 있는데 특히 토양에 많이 존재한다. 그런데 모든 식물이 병들지 않는다는 점이 놀랍다.

식물이 모두 감염되지 않는 이유는 토양에 엄청난 경쟁이 있기 때문이다. 발아래 토양은 치열한 경쟁 세상이다. 미생물은 식량과 같은 자원을 차지하기 위해 끊임없이 전쟁을 벌이고 있다. 그들은 또한 광범위한 독성 화학물질을 배설함으로써 화학전을 수행한다.

건강하고 다양한 미생물 개체군은 특정 미생물이 전체를 차지하지 못하게 한다. 그리고 병원균보다 비병원균이 더 많으므로 병원균은 식물에 침투하여 병을 일으키는 발판을 마련할 수 없다.

나중에 근권根圈에 관한 장에서 논의하겠지만, 식물들은 좋은 미생물들을 양성하고 그들이 뿌리 옆에 살도록 돕는다. 이 미생물 층은 방패처럼 작용하여 병원균이 문제를 일으킬 만큼 가까이 접근하는 것을 어렵게 만든다.

미생물 식별

토양생물을 연구하는 것은 매우 복잡하며, 우리는 이제 막 표면을 긁기 시작했다. 많은 미생물이 비슷해서 식별이 어렵고, 실험실에서 배양할 수 없어 연구가 더 어렵다. 토양생물 종의 수는 어마어마하게 많다.

다음 사실을 고려해야 한다.

- 티스푼 토양에는 지구상의 사람들보다 더 많은 미생물이 살고 있다.
- 토양 세균은 10억 종으로 추정되는데 확인된 것은 3만 종에 불과하다.
- 지구에는 1조 종의 미생물이 있을 수 있으며, 대부분은 토양에 살고 있다. 이것 중 극히 일부만이 확인되었다.
- 토양에는 1~5백만 종의 곰팡이가 있는데 극히 일부만이 확인되었다.

이 수치는 모두 추정이며, 그 수치에 과학자들은 동의하지 않을지 모른다. 우리는 토양생물에 대해 아는 것이 너무 적어 추측할 수밖에 없다.

제4장

세균

세균은 아마도 토양에서 가장 중요한 생물체이고, 그들이 없으면 식물은 자랄 수 없다. 세균은 대기의 질소를 토양에 고정하고, 죽은 유기물을 분해하고, 암석에서 무기물을 추출하고, 토양 떼알 형성을 돕는다. 세균을 잘 이해하면 많은 정원가꾸기 기술이 효과가 있는지 없는지 통찰력을 얻을 수 있다.

세균은 매우 작다. 500,000개체는 문장 끝의 마침표보다 작은 공간을 차지한다. 티스푼만 한 토양에는 30,000종의 세균이 들어있다. 토양에 있는 세균 수는 놀라울 따름이다. 종이클립 무게에 해당하는 1g의 비옥한 토양은 100만 개의 세균이 들어있다. 그렇게 많은 수의 세균을 헤아리는 것은 어렵지만, 티스푼 2개의 비옥한 토양에는 지구상의 사람들만큼 많은 세균이 산다.

세균은 단세포이며 구, 막대기, 나선형 등 다양한 모양을 갖고 있다. 번식할 때가 되면 원본과 복사본이 되는 2개의 세포로 갈라진다. 완벽한 조건에서 20분마다 이 일이 일어날 수 있으며 짧은 시간에 엄청난 양의 세균을 생성한다. 실험실 조건에서 단일 세균은 12시간 안에 50억 개까지 증식할 수 있다.

우리는 세균을 생물체의 한 종류로 생각하는 경향이 있지만, 그 다양성은 엄청나다. 세균은 지구상 거의 모든 환경에 살고, 심지어 새어 나온 기름과 제트 연료까지 거의 모든 것을 먹는 종도 있다. 어떤 종들은 뜨거운 곳을 좋아하고, 어떤 종들은 추운 것을 선호한다. 또 어떤 종들은 젖은 곳을, 어떤 종들은 마른 곳을 선호한다. 그들은 어디에서나 발견되지만 각 환경에는 다른 종과 공동체를 형성한다.

대부분 세균은 탄소로부터 에너지를 얻는 종속영양생물이다. 일부가 토양 무기물로부터 에너지를 얻는 독립영양생물이다. 호기성 세균은 우리 인간과 같은 방식으로 산소를 이용한다. 또 다른 그룹인 혐기성 세균은 산소 농도가 매우 낮은 환경을 선호하며, 심지어 두 환경 모두에서 살 수 있는 그룹도 있다. 대표적인 예가 대장균인데 호기성 토양뿐만 아니라 혐기 상태인 우리 몸 장에도 산다.

유기물이 거의 없는 식질토는 산소가 토양으로 들어갈 수 없어 혐기 상태가 되기 쉽다. 이런 토양을 파보면, 혐기성 세균이 만들어낸 악취가 난다. 고기나 달걀 썩은 냄새, 구토물이나 식초 냄새는 모두 혐기성 환경에서 나는 냄새이다. 또한 혐기성 세균은 식물에 독성인 알코올을 생성할 수 있다. 반면에 숲속에서 나는 신선한 토양 냄새는 호기성 세균이 만들어낸다.

세균은 다양한 방식으로 이동할 수 있다. 어떤 것들은 프로펠러처럼 작동하는 일종의 꼬리인 편모鞭毛*가 있어 움직일 수 있다. 크기에 따라 평생 5nm까지 꽤 멀리 움직일 수 있다. 참고로 사람 머리카락의 두께는 20~200nm이다.

그들은 무엇을 먹을까?

세균은 입이 없어서 실제로 먹지는 않지만, 영양소를 섭취해야 한다. 그들은 중요한 화학물질을 안에 집어넣고, 원치 않는 것을 막아주는 세포벽을 가지고 있다. 세균은 세포벽을 통해 선택적으로 분자를 이동시키기 위해 능동수송**이라는 방법을 쓴다. 나라의 국경처럼 원치 않는 것을 막아주지만, 필요한 것을 들여보내는 통제장치가 있다. 세균의 세포벽도 같은 방식으로 작동하는데 영양소를 유입하고 해로운 분자를 차단한다.

신선한 식물 먹이(유기물)가 세균 옆에 놓여 있다고 가정하자. 이 먹이의 모든 영양소는 세포벽을 가로질러 운반하기에는 너무 큰 분자이다. 어떤 일이 일어나기를 기다리는 대신에 세균은 공격적으로 행동한다. 그들은 세포벽을 통해 다양한 효소를 분비한다. 이 효소는 유기물을 분해하기 시작하여 영양 이온들이 방출될 때까지 큰 분자를 점점 더 작은 분자로 쪼갠다. 그런 다음에 세균은 이 영양소를 흡수한다. 일단 세균 안

* 세포 몸체에서 뻗어 나온 가느다란 채찍모양의 작은 운동기관

** 세포의 밖과 안의 농도 차이를 이기고 영양소를 선택적으로 흡수하거나 배출하는 작용

에 들어가면, 영양소는 새로운 큰 분자로 고정된다.

이 과정을 간단한 용어로 설명했지만, 실제는 꽤 복잡하다. 세균은 눈이나 뇌가 없어 근처에 유기물이 있는지 모른다. 효소가 상당히 전문화되어 있고, 각각의 효소는 특정한 형태의 큰 분자만을 분해한다는 사실 때문에 이 과정은 복잡해진다. 이 문제를 해결하기 위해 세균은 분비된 효소에 적합한 종류의 큰 분자가 유기물에 들어있기를 바라며 광범위한 효소를 분비한다. 일단 영양소 분자가 방출되면, 세균은 그 자리에 있거나 물과 함께 흘러가는 경향이 있다. 세균은 영양소 분자가 세포벽에 부딪힐 때까지 기다렸다가 이것을 잡아 세포 안으로 끌어당길 수 있다. 이 과정은 비효율적으로 보이지만, 세균이 토양에서 번성하기 때문에 효율적으로 잘 작동한다.

효소를 만들고, 분자를 세포벽을 통해 운반하고, 분열을 통해 번식하는 이 활동은 모두 많은 에너지가 필요하다. 이 에너지는 세균이 환경으로부터 흡수하는 설탕과 같은 탄소 함유 분자에서 나온다. 이 먹이원은 영양소만큼이나 중요하다.

유기물은 탄소를 함유한 풍부한 에너지원을 가지고 있는데 분해 과정에서 이것이 방출된다. 식물의 거의 50%는 셀룰로스로 이루어져 있고, 세균 효소는 이것을 에너지원인 당으로 분해할 수 있다.

목재의 주요 성분인 리그닌은 많은 탄소를 함유하고 있다. 비록 세균이 리그닌을 분해할 수는 없지만, 곰팡이는 가능하다.

세균은 어디에 사나?

대부분 세균은 공기, 물, 먹이가 많은 깊이 10~15cm의 토양에서 산다. 더 깊어지면 급격히 줄어든다. 세균은 세포벽으로 먹이 분자를 가져와야 하므로 대부분 물에서 산다. 토양에 물이 마르면, 그들은 생물내성 biostasis*이라는 동면 상태로 들어가 물이 다시 공급될 때까지 기다린다. 세균들은 토양이 마르는 것을 대비해 방어 장치를 갖고 있다. 세균은 당, 단백질, 효소, DNA로 만들어진 생체막으로 덮여있다. 이 층은 순수한 물보다 훨씬 더 느리게 말라 건조로부터 보호해준다.

토양에는 다양한 종류의 서식지가 있다. 공극이 큰 토양에는 세균이 많지 않다. 이곳의 물은 빠르게 빠지는데 이때 세균도 함께 빠져나가 버리기 때문이다. 토양 떼알구조의 내부 소공극은 세균에게 훨씬 더 나은 은신처가 된다. 소공극은 물이 천천히 마르고, 작은 세균은 큰 포식자들로부터 피신할 수 있다.

먹이를 공급하는 식물 뿌리 바로 주변의 근권**에는 많은 양의 세균이 발견되고 높은 번식률을 보인다.

질병 예방 역할

식물에 세균은 유익하거나 해로울 수 있다. 다행히도 그들 대부분이 유익하다. 몇몇 세균들은 심각한 질병을 유발하며, 증상으로는 혹병, 과생장, 시들음, 잎반점, 썩음병, 붉은곰팡이병 등이 있다.

어떤 식물들은 세균 병원균에 대한 면역성을 갖고 있지만, 대부분의 예방은 세균 경쟁으로부터 비롯된다. 세균이 분비하는 효소는 주변 세

* 생물 자신의 변화 없이 그 환경의 변화에 견디어 낼 수 있는 능력

** 식물 뿌리의 생리 작용에 영향을 받는 토양 권역

균뿐만 아니라 죽은 유기물과 살아있는 유기물을 모두 소화한다. 세균은 또한 다른 세균을 죽이기 위해 독성물질을 생산한다. 대부분 세균은 좋은 유익균이라서 엄청난 물량 공세로 이 전쟁에서 승리할 수 있다. 이런 상황에서 병원균은 식물에 접근하는 데 어려움을 겪는다.

더 큰 토양 생물체는 세균을 먹이원으로 이용하고, 또한 병원균을 통제하는 데 중요한 역할을 한다. 건강한 식물과 병원균 통제의 핵심은 수많은 미생물의 다양성을 유지하는 데 있다.

이상적인 환경

세균은 식물의 건강에 이롭고 떼알이 발달한 토양을 만들므로 살기 좋은 서식 환경을 만드는 것은 여러분들의 일이다. 세균은 기본적으로 산소, 먹이, 물, 그리고 적당한 온도를 좋아한다. 산소와 물 조건은 상당히 단순한데 식물의 요구 조건과 다르지 않다.

토양은 약 25%의 공기와 적당한 물이 있어야 한다. 병원성 세균은 혐기성 조건을 선호하는 경향이 있어 토양 공기의 존재 여부가 중요하다.

거의 모든 유기물은 세균의 먹이원이 될 수 있다. 죽은 식물 뿌리나 낙엽, 그리고 다른 죽은 생물체가 중요한 먹이원이 된다. 더 많은 유기물을 토양에 넣음으로써 세균 번성에 더 도움을 줄 수 있다. 유기물량을 늘리거나 유기물 손실을 줄이는 정원 가꾸기도 토양의 모든 미생물에 이롭다.

마지막 요건은 온도인데 위치와 환경 때문에 대부분 통제 불가능하다. 그런데 실망할 필요는 없다. 미생물은 온도 조건에 상당히 유연하다. 이들 모두가 선호하는 온도 범위는 넓고, 조건이 이상적이지 않으면

생물내성으로 버틸 수 있다.

봄과 가을에 활동하는 세균 종류는 여름에 활동하는 세균과 상당히 다를 것이다. 이러한 세균상細菌相 변화는 항상 일어나니 정원사들은 이것에 걱정할 필요가 없다.

떼알구조화 역할

세균은 당, 단백질, DNA, 그리고 여러 가지 화학물질의 혼합물로 구성된 생물막으로 코팅되어 있다. 이 생물막은 세균을 보호하지만, 토양에 부수적인 이익을 만들어준다. 이것은 작은 토양 입자들을 서로 붙이도록 도와 떼알(입단)구조를 만드는 데 중요한 역할을 한다.

각각 세균은 매우 작아 토양에 미치는 영향이 미미하지만, 방대한 세균 총량은 토양구조에 상당한 영향을 미친다. 또 세균이 비교적 수명이 짧다는 사실도 중요하다. 세균이 죽었을 때 이 생물막은 토양입자를 코팅해 서로 결합하게 한다.

세균을 해치는 조건

세균의 삶은 고단하다. 그들은 매우 작고 멀리 움직일 수 없다. 근처 먹이원이 바닥나면 죽는다. 온도가 너무 많이 변하면 그들은 동면에 들어간다. 거의 모든 동물과 비슷한 생물체는 그들을 먹고 싶어한다. 심지어 다른 세균도 효소를 배설하여 그들을 소화하려고 한다. 그들은 대량 물량 공세가 아니었다면 아마 살아남기 어려울 것이다.

먹이는 세균에게 매우 중요하므로 유기물량이 줄면 세균도 같이 준다. 경작은 토양 내 산소량을 늘려 유기물 분해 과정을 가속화하고, 결과적으로 세균이 이용 가능한 유기물량을 줄게 한다. 단기적으로는 세균 개체수가 늘어나지만, 장기적으로는 줄어든다. 토양 다짐이나 산소 농도를 줄이는 행위는 세균 개체수를 급감시킨다.

식물의 다양성은 또한 세균에 영향을 미치는 중요한 요소이다. 식물의 다양성이 높을수록 세균의 다양성이 높아진다. 채소밭과 같은 단일 재배지는 세균 다양성을 감소시킨다.

토양의 오해와 진실: 비료가 세균을 죽인다.

합성비료가 세균과 다른 토양생물에 미치는 영향에 대한 잘못된 정보가 많다. 합성비료가 미생물을 죽인다는 생각은 완전히 거짓이다. 합성비료와 유기물에서 나오는 영양소(무기염류) 사이에는 전혀 차이가 없다. 그것들은 서로 같으며, 세균이 생명을 유지하는 데 필요하므로 합성비료가 세균에 해를 끼치지 않는다는 것은 분명하다. 토양에 비료 시비하면 세균 개체수는 갑자기 늘어나는데 이는 먹이량이 늘어났기 때문이다. 너무 많은 것은 해로울 수 있다. 이는 유기물뿐만 아니라 합성비료에도 적용된다.

질소고정

번개, 특별한 광물의 분해, 세균의 질소고정화로 질소가 토양에 들어간다. 번개는 대기 질소가스를 질소산화물(NO와 NO_2)로 변환시키는데 이것은 토양에 들어가 암모늄과 질산이온으로 바뀐다. 이것은 중요한 과정이지만, 토양 질소의 가장 중요한 공급원은 아니다.

토양에서 식물에 유효한 질소 대부분은 세균에 의해 만들어진다. 특화된 질소고정 세균은 질소가스를 가져다가 암모늄과 질산염 이온으로 바꿀 수 있다. 이러한 세균은 토양에서 자유롭게 살거나, 식물과 공생관계를 형성해 식물 뿌리에 부착해 살 수 있다.

화학 제조기술은 대기 질소를 고정하여 암모늄, 질산염, 요소 등의 합성비료를 생산할 수 있다. 이 비료는 현재 선진국에서 식물에 제공하는 질소의 주요 공급원이다.

독립생활 질소고정세균

이 세균은 토양에서 살지만, 특정 식물과 직접 관련이 없다. 이들 대부분은 에너지를 쓰기 위한 탄소 공급원이 필요한데 죽은 유기물을 이용한다. 몇 가지 유형의 세균은 무기물을 에너지원으로 쓰기도 한다.

이 세균은 세포벽 밖에서 질소를 고정하는 효소를 생산한다. 산소가 이 효소를 억제하므로 대부분 세균은 혐기성 조건에서 산다. 자연 상태에서 이 세균은 토양의 질소고정에 주요 기여자는 아니지만, 특별한 환경에 중요할 수 있다. 예를 들어, 일부 종들은 풀과 알곡작물 근권에 사는 경향이 있는데, 여기선 상당한 양의 질소를 제공한다.

공생 질소고정세균

특수화된 세균 그룹은 특정 식물과 공생관계를 형성한다. 가장 잘 알려진 것은 클로버, 알팔파, 콩, 대두, 완두콩과 같은 콩과 식물과 근류균(리조비움균, Rhizobium)의 연관성이다. 콩과 식물은 뿌리를 통해 플라보노이드*를 방출함으로써 이 세균과 접촉을 시작한다. 세균은 이 화합물을 감지하고 특수화된 뿌리털에 자신을 붙인다. 그런 다음 콩과 식물은 세균 주변에 뿌리 생장을 촉진하여 뿌리혹을 만든다. 이 뿌리혹은 세균을 보호할 뿐만 아니라 질소고정에 중요한 혐기성 환경을 제공한다.

* 식물에 널리 분포하는 노란색 계통의 색소

이 식물은 당분과 다른 영양분을 뿌리혹에 제공함으로써 세균을 먹여 살린다. 한편 세균은 질소를 고정하여 암모니아를 형성하며, 식물에 흡수될 때 질산염으로 전환된다. 이 뿌리혹은 식물을 위해 질소를 만드는 작은 공장이라고 생각할 수 있다.

콩과 식물이 자체 질소 공급원을 가졌다는 점은 질소가 적은 척박한 토양환경에서 잘 살 수 있어 경쟁력이 있게 만든다. 그러나 이 질소공장은 유지 비용이 든다. 근류균을 유지하기 위해 광합성 물질*의 20%를 써야 한다.

근류균에는 수많은 종이 있으며, 다양한 콩과 식물에 특화되어 있다. 예를 들어, 완두콩과 콩은 서로 다른 종의 근류균이 감염된다. 콩과 식물이 뿌리혹을 형성하고 근류균을 받아들이려면 세균이 토양에 존재해야 한다. 토양을 건강하게 관리하지 않으면 뿌리혹이 형성되지 않는다.

정원사들은 식물을 심을 때 적절한 근류균을 씨앗에 접종함으로써 이 문제를 해결한다. 종자회사에서 세균팩을 구매할 수 있는데 이미 적당한 근류균이 코팅된 씨앗을 살 수 있다. 일단 이 세균이 토양에 들어가면 몇 년 동안 생존할 수 있어 4년 동안 매년 접종할 필요가 없다.

토양이 적절한 세균을 가졌는지 어떻게 알까? 콩과 식물을 키우고 여름이나 초가을에 뿌리를 보라. 완두 크기의 뿌리혹을 쉽게 볼 수 있다. 식물들이 꽃을 피울 때 가장 잘 보인다.

이 식물이 뿌리혹을 만들지 않았다면, 토양에 적합한 근류균이 없거나 질소가 너무 많다는 것을 의미한다. 지나친 비료는 식물이 근류균을

---

* 광합성에 의해 생성된 포도당

필요로 하지 않아서 뿌리혹 형성을 막는다.

프란키아 방선균(Frankia Actinomycetes)

방선균 또는 사상균은 곰팡이와 세균의 특성을 모두 가진 중요한 미생물이다. 프란키아Frankia는 콩과 식물이 아닌 오리나무류, 보리수나무류 등의 수목과 공생관계를 형성한다. 이 때문에 이 식물 다수는 척박한 토양에서 잘 자라는 선구종이다.

제5장

곰팡이

토양 속의 곰팡이는 세균만큼 중요하며, 식물 건강에도 중요한 역할을 한다. 그것들은 세균이 할 수 없는 기능을 수행하는 유기물 분해자이다. 특화된 균근균菌根菌, mycorrhizal fungi*은 식물 뿌리와 공생관계를 형성하면서 식물 뿌리의 도달 범위를 확장하여 작은 공극(틈새)에 도달할 수 있게 한다.

곰팡이는 이상한 생물군이다. 영양소를 찾아 토양에서 자라는 곰팡이의 균사菌絲, hyphae는 식물뿌리와 같은 특징을 가지고 있다. 하지만 곰팡이는 엽록소가 없어 에너지를 만들 수 없다. 동물들처럼 곰팡이는 에너

* 식물뿌리에 공생하는 곰팡이 일종으로서 질소와 인 같은 영양소를 뿌리에 공급하여 식물이 건강하게 살아가도록 도움을 줌

지원으로 탄소화합물에 의존한다. 조건이 맞으면 꽃을 피우거나 꽃과 비슷한 역할을 하는 자실체*라는 버섯을 만든다.

맥주, 와인, 빵은 단세포 효모균의 산물이며, 프로바이오틱스** 등의 제품에는 곰팡이가 들어있다. 오래된 빵과 치즈의 곰팡이는 곰팡이의 일종이다. 버섯을 먹었다면 다세포 균류의 자실체字實體를 먹는 것이다.

곰팡이는 보통 자실체에서 생성되는 특별한 종류의 씨앗인 포자(胞子, 홀씨)로 삶을 시작한다. 오래된 말불버섯이 뿜어내는 고운 가루는 포자로 이루어져 있다. 버섯 갓을 가져다가 하루 동안 놓아두면, 그 밑에 가루로 된 포자가 떨어진다. 포자는 매우 작고 공기 중에 쉽게 떠다닌다.

여러분이 방금 들어 마신 공기에도 포자가 들어 있을 것이다. 이것들은 바람을 타고 먼 거리를 움직이므로 곰팡이 포자는 어디에나 있다. 곰팡이는 모든 기후에 보편적으로 존재하고 심지어 남극에서도 발견될 수 있다.

이러한 포자가 적당한 환경에 도착하면, 싹이 트고 튜브 형태로 이루어진 긴 사슬의 세포가 머리카락과 같은 균사菌絲로 자라기 시작한다. 액체, 영양소, 다른 화합물들은 튜브의 한쪽 끝에서 다른 쪽으로 쉽게 흐른다. 균사 끝부분은 계속 자라서 가지를 쳐서 새로운 팔을 형성한다. 1분당 40마이크로미터(㎛, 100만 분의 1미터 즉 0.001mm)의 속도로 사람 머리카락 두께 정도로 빠르게 자랄 수 있다. 이 균사는 큰 덩어리를 형성하기 위해 함께 뭉치는 경향이 있는데 이것을 균사체菌絲體라고 한다. 균사가 죽으면 다른 작은 생물체뿐만 아니라 물과 공기가 움직일 수 있

* 균류의 홀씨를 만들기 위한 영양체

** 체내에 들어가서 건강에 좋은 효과를 주는 살아있는 균

는 거대한 터널 망을 남긴다. 균사는 지름이 1~3㎛로 너무 작아서 눈으로 볼 수 없지만, 토양에서 희고 흐릿한 솜털 같은 물질을 발견하면 균사체를 보는 것이다. 흰가루병*으로 인한 잎의 흰색 반점은 곰팡이 균사이다. 종이 클립의 무게인 1g의 토양에는 100~1,000m의 균사를 가질 수 있다. 곰팡이는 세균보다 수가 적지만, 그 둥치가 더 크다. 이 때문에 토양에 있는 곰팡이의 총 질량은 세균과 거의 같고, 미생물군의 많은 부분을 차지한다.

10만 종 이상이 확인되었는데 7만 종 이상이 토양에서 발견된다. 곰팡이의 추정 종수는 150만 종이다. 여전히 토양 곰팡이에 대해 배울 것이 우리는 많다.

곰팡이는 주변 환경을 조절할 수 있다. 이들은 산酸을 내뿜어 더 산성으로 만들고, 곰팡이를 먹는 기생 생물을 막기 위해 항생제과 같은 화학물질을 생산한다. 페니실린은 잘 알려진 곰팡이가 만든 항생제이다.

곰팡이는 무엇을 먹을까?

곰팡이는 종속영양생물이다. 즉, 스스로 영양소를 만들 수 없고 세균과 비슷한 탄소원을 먹어야 한다. 곰팡이는 주변의 큰 유기화합물을 분해하는 다양한 효소와 기타 화합물을 분비한다. 일단 작은 영양소와 설탕 분자로 분해되면 곰팡이는 흡수하고, 균사를 뻗어 필요한 곳으로 몇십 cm씩 움직일 수 있다.

세균과 달리 몇몇 곰팡이는 리그닌과 셀룰로스 등과 같은 매우 질긴

* 식물의 잎 · 줄기에 흰가루 형태의 반점이 생기는 식물병

유기물을 분해할 수 있다. 균사 끝부분은 식물의 잎, 가지와 같은 딱딱한 표면으로 침투하여, 식물체 내부에 효소를 내뿜어 흡수하기 쉬운 물질을 얻을 수 있다. 대부분의 영양소 흡수는 이 끝부분 근처에서 이루어진다.

곰팡이의 독특한 특성은 토양 지표면에 쌓인 잎과 가지의 영양소를 흡수하기 위해 토양 표면에 균사를 키운다. 그들은 가을에 떨어지는 낙엽 등의 유기물을 분해하는 데 중요한 역할을 한다. 분해된 이 영양소는 다른 미생물과 식물이 쓸 수 있도록 토양 속 깊숙이 들어간다.

토양 표면에서 균사 생장은 잎이 쌓이면 더 뚜렷해진다. 세균이 분해할 수 있는 만큼의 충분한 질소가 없더라도 곰팡이는 그 역할을 맡아 부엽토를 만든다. 부엽토는 일부 분해된 잎과 많은 균사체의 조합으로 모든 정원에 도움이 된다.

목재칩 멀치mulch 또한 곰팡이의 공격 대상이다. 멀칭 몇 주 후에 이 목재칩은 나무를 분해하는 곰팡이 균사와 함께 덩어리를 이룬다. 여러 종의 해가 없는 곰팡이가 그 위에 자실체字實體를 만들 것이다. 이 기괴한 세상을 잘 이해하기 위해 구글google을 검색해 보라. 생각지도 못한 다양한 형태의 곰팡이들이 있을 것이다.

곰팡이는 어디에 사나?

곰팡이는 호기성好氣性*이며 세균과 달리, 생존을 위해 수막水幕이 필요하지 않다. 이들은 토양의 공극(틈새)에서 자랄 수 있고 먹이를 찾기 위

* 산소가 있어야 정상적으로 생육 · 번식하는 성질

해 꽤 먼 거리를 움직일 수 있다.

균사는 식물 뿌리보다 가늘고, 세균보다 두껍다. 균사는 세균의 은신처보다 토양의 큰 공극에서 잘 자라고, 식물 뿌리보다 더 작은 공극으로 들어갈 수도 있다.

전쟁 중인 곰팡이

어떤 곰팡이는 살아있는 먹이를 공격할 수 있다. 약 150종의 서로 다른 종들이 끈적끈적한 접착 패드나 올가미 모양의 고리를 이용해 선충線蟲, nematode을 포획할 수 있다. 포획한 후 살아있는 먹이를 소화하기 위해 이들은 효소를 내뿜는다.

느타리버섯은 우리에게 별미지만, 악랄한 사냥꾼이기도 하다. 이들은 나무와 죽은 나무 위에서 자란다. 나무는 이들에게 높은 탄소원(먹이)을 제공하지만, 이것을 완전히 소화하는 데 필요한 질소가 부족하다. 선충은 좋은 질소원이 된다.

덫을 놓기 위해 느타리버섯균은 맛있는 냄새가 나는 화학물질을 선충에 내뿜는다. 선충이 충분히 가까워지면, 마비시키는 독소와 함께 끝이 뾰족한 특수 필라멘트filament를 선충에 부딪힌다. 그런 다음 이 곰팡이는 균사를 선충 안에서 자라게 하여 안에서부터 밖으로 소화한다.

곰팡이에게 포식자가 없는 것이 아니다. 이들은 다양한 생물체의 공격을 받고 있으며, 이들의 주요 방어선은 화학전이다. 독소, 살충제, 항생제를 분비하여, 포식자를 멀리하고 정상적으로 자라는 것을 막고 심지어 죽인다. 결국 죽은 포식자들은 좋은 먹잇감이 된다. 자실체는 또한 독성이 있을 수 있다. 만약 여러분이 버섯을 잘못 먹는다면, 곰팡이에게 죽을 수 있다.

곰팡이 기생충

토양에 있는 대부분의 곰팡이는 유익하고 식물에 이롭다. 불행히도 식물에 기생하는 악당들도 있다. 이들이 일으키는 흰가루병, 뿌리썩음병, 녹병, 입고병, 잿빛곰팡이병, 붉은곰팡이병, 궤양병, 위황병fusarium 등을 알고 있을 것이다. 곰팡이는 다른 토양생물보다 식물에 더 많은 해를 끼친다.

많은 경우 곰팡이들은 숙주를 죽이지 않고 약하게 한다. 작물의 수확량이 줄고, 원예식물은 생기가 없어지고 개화량이 준다. 토양 매개 곰팡이는 뿌리로 침투하여 뿌리혹과 같이 기형적으로 자라게 하는 경향이 있다.

이러한 질병들과의 싸움은 각각 해결하여야 한다. 문제를 확인한 다음 문제를 줄일 수 있는 구체적인 방법을 조사해야 한다. 모든 곰팡이 문제에 효과가 있는 일반적인 치료법은 없다.

균근균

균근균菌根菌, mycorrhizal fungi은 식물과 매우 밀접한 공생관계를 형성하는 특별한 곰팡이 그룹이다. 식물의 95%가 이 공생관계를 형성하는 것으로 추정된다.

이 균근균은 2가지로 나뉘는데 외생균근外生菌根(외부뿌리)과 내생균근內生菌根(내부뿌리)이다. 외생균근은 흔하지 않지만 나무에게 중요하다. 각각의 나무는 동시에 15개 이상의 다른 균근균과 연관될 수 있다. 토양에는 20,000여종의 외생균근이 있을 수 있다. 이 균사체는 뿌리를 감싸서 뿌리 내부로 들어가지 않는 일종의 외피를 형성한다. 일단 뿌리의 외피를 만들면, 이들은 뿌리와 화학물질을 교환할 수 있다. 이 그룹에는 주목할 만한 버섯들이 있는데 광대버섯amanitas, 꾀꼬리버섯chanterelles, 그리고 귀한 송로버섯 등이 있다.

내생균근은 더 널리 퍼져 있으며 식물과 깊은 관계를 갖는다. 이들의 균사는 뿌리 안(세포벽)에 침투하여 자란다. 이 균근균은 어떻게 자라는지에 따라 수지상균근arbuscular mycorrhizae과 진달래형균근ericoid mycorrhizae 등으로 나뉜다. 수지상균근은 대부분 농작물과 중요한 파트너이며, 과학자들은 현재 240종을 확인했는데 유전적 다양성은 이보다 훨씬 크다.

모든 균근균은 식물과 공생관계를 형성하여 서로에게 이롭다. 이 균근균은 물과 무기영양을 식물뿌리에 공급하고 그 대가로 당분과 기타 질소원을 받는다. 식물은 생산한 광합성량의 약 15%를 균근균에게 나누어 준다.

부생식물腐生植物*로 알려진 수정난풀은 이들과 흥미로운 관계를 형성하고 있다. 수정난풀은 엽록소가 없는 흰버섯 모양의 초본식물이다. 이 때문에 이 식물은 균근균과 공생하여 썩은 나무에 달라붙어 산다. 균근균은 썩은 나무에서 수정난풀로 당분을 이동하는 역할을 한다.

균근균 균사는 식물 뿌리를 1,000배까지 넓혀, 영양소에 접근하는 능력을 높일 수 있다. 균사는 뿌리보다 더 얇으므로 작은 공극에서 영양소

* 분해 중인 생물체의 유기물에 의존하면서 생육하는 식물을 말한다. 살아있는 숙주에 의존하는 기생식물과 다르다.

를 얻을 수 있다. 균근균 효소와 산성 물질은 암석으로부터 구리, 칼슘, 마그네슘, 아연과 같은 영양소를 녹아낸다.

인燐 농도는 토양용액에서 항상 낮지만, 균근균은 표면적이 넓어서 상당한 양의 인을 흡수할 수 있다. 인은 식물에 제공하는 가장 중요한 영양소 중 하나이다. 너무 많은 비료로 인한 다량의 인은 균근균 생장을 억제할 수 있으니 유의해야 한다. 이 균근균은 또한 식물 뿌리를 질병으로부터 보호하고, 독소가 뿌리에 도달하기 전에 흡수한다. 자연 토양은 다양한 종들이 많이 들어있지만 경작, 표토 제거, 다짐 등은 다양성을 감소시켜 균근균이 자라기 어렵게 만든다.

제6장

기타 생물

토양에는 많은 종류의 생물체가 살고 있다. 다음은 토양 건강에 중요한 몇 가지에 관한 설명이다.

방선균

방선균Actinomycetes[*]은 곰팡이처럼 보이고 자라지만, 생물학적으로 세균에 더 가깝다. 균사처럼 생긴 실을 만들어 저항성 유기물(셀룰로스, 리그린)을 섭취하고, 건조토양, 알칼리성 토양 및 고온 조건에 잘 견딘다. 방선균은 현재 상업적으로 이용하는 약품인 스트렙토마이신[**]과 액

* 세균과 곰팡이의 중간적 성질을 가진 미생물

** 감염병의 치료를 위해 폭넓게 사용되는 항생제

티노마이신(항생물질)과 같은 다른 미생물 생장을 막는 화학물질(천연항생물질)을 생산한다.

방선균은 부패하는 유기물에서 발견되는 경향이 있다. 식물 뿌리를 질병으로부터 보호할 수 있으며, 일부 경우 감자더뎅이병*과 같은 질병을 유발한다. 방선균 일종인 프란키아Frankia는 200여 종의 식물과 질소고정 공생관계를 형성하며, 축축하고 공기가 잘 통하는 토양에서 흙냄새를 담당한다. 방선균이 갖고 있는 고온에 대한 친화성과 거친 유기물 분해 능력은 고온 퇴비화에서 중요한 요소이다.

조류

토양 조류藻類는 식물처럼 광합성을 하는 단세포 생물체이며 녹색, 청록색 또는 갈색일 수 있다. 1g의 토양에는 10,000~100,000개의 조류 생물이 들어있다. 일부는 토양에서 스스로 살고, 다른 일부는 곰팡이와 결합하여 지의류를 형성하는데 암석을 천천히 녹이는 산성 물질을 생성한다.

조류는 약간의 빛에 노출되어야 하며 토양의 상부에 사는 경향이 있다. 그들은 또 잘 자라기 위해 상당한 양의 수분이 필요하다. 남세균藍細菌이라 불리는 시아노박테리아cyanobacteria는 질소를 고정할 수 있는데 토양 질소에 대한 기여도는 적다.

* 감자 덩이에 거칠고 코르크질을 형성하는 병

토양의 미생물 개체군

미생물 종류	건강한 토양 1g에서의 개체수
세균	1,000,000,000
방선균	100,000,000
곰팡이	1,000,000
조류	100,000
원생동물	10,000
선충	1,000

원생동물

원생동물*은 엄밀하게는 동물은 아니지만 그렇게 생각하는 것이 유용하다. 이들은 단세포이며, 세균 등의 먹이를 찾기 위해 토양용액 주위를 돌아다닌다. 익히 들어본바 있는 학교에서 연구용으로 쓰이는 아메바Amoeba가 원생동물이다.

어떤 것들은 먹이를 빨아들이는 입처럼 생긴 구멍이 있지만, 대부분은 단순히 먹이를 삼킨다. 내부에 들어가면 소화 효소가 먹이를 더 작은 분자로 쪼갠다. 이들은 하루에 최대 10,000개의 세균을 먹을 수 있으며, 큰 원생동물은 더 작은 원생동물을 잡아먹는다. 심지어 이들은 병원성 선충류를 잡아먹고 제어할 수 있다. 일부 원생동물은 광합성을 통해 당을 생성할 수 있는 엽록체를 갖고 있다.

* 원생동물(原生動物, protozoa)은 하나의 세포핵과 미토콘드리아를 가지고 있는 단세포 동물이며 토양에 가장 많이 분포하는 무척추동물이다. 크기는 5마이크로미터(㎛)에서 1000㎛라서 맨눈으로 볼 수도 있으며, 하나 또는 그 이상의 편모를 가지고 있다. 30,000종 이상이 존재하는 것으로 알려져 있으며, 세균과 조류를 먹이로 한다.

뱀파이어 아메바vampire amoeba인 뱀피렐리드vampyrellid는 곰팡이 표면에 달라붙어 소화 효소를 배설함으로써 둥근 구멍을 뚫는다. 그런 다음 이 아메바는 곰팡이 세포를 빨아들여 먹이로 한다.

원생동물은 깊이 20cm 내의 토양수분 속에 산다. 토양이 너무 건조해지면 낭종(주머니 모양의 혹)을 형성하여 수분이 돌아올 때까지 동면한다. 일부 종은 이 상태에서 최대 1년까지 생존할 수 있다.

세균의 크기가 1~4㎛인데 비해 원생동물은 5~1,000㎛로 더 크다. 원생동물은 세균과 같은 미세공극(직경 0.06mm 이하)에 서식하기에는 너무 커서, 세균을 잡아먹기 위해 토양 공극 주변에 어슬렁거린다.

원생동물은 세균 수를 억제하기 때문에 토양의 중요한 역할을 맡는다. 세균의 탄질비*는 약 5:1로 많은 질소를 갖고 있다. 반면 원생동물은 훨씬 적은 질소를 함유하고 있는데 그 비율은 10:1이다. 질소는 암모늄(NH_4^+)으로 토양에 들어오는데 이 암모늄은 원생동물보다 식물과 다른 생물체들이 더 많이 이용할 수 있다. 이 질소는 식물의 주요 공급원이다.

티스푼의 토양에는 원생동물 1,000~100만 마리가 있으며, 약 30,000종 중 약 250여 종이 확인되었다. 일부는 뿌리를 먹고 식물을 손상하지만, 대부분은 정원에서 해충이 아니다.

선충류

토양과 식물 뿌리 주변에 사는 뱀장어 같은 벌레인 선충류는 수막水

* 유기물 중의 탄소(C)와 질소(N)의 질량비를 말하며, 탄질률이라고도 한다. 토양 미생물의 탄질비에 따라 토양의 탄소와 질소 흡수량이 달라지고, 이 비율이 맞아야 토양 미생물이 잘 번성할 수 있다.

幕에서 세균, 곰팡이, 원생동물을 잡아먹기 위해 짧은 거리를 헤엄칠 수 있다. 일부 큰 선충은 곤충의 어린 애벌레(유충)를 공격하기도 하여, 잔디밭에서 애벌레를 방제하는 데 쓰인다. 달팽이와 민달팽이를 방제하기 위해 상업적인 선충류 제품을 사용할 수 있다.

대부분 선충류는 1분에 5,000개의 세균을 섭취할 수 있는데 주로 토양 표면에서 15cm의 깊이에서 발견된다. 원생동물처럼 선충류는 세균보다 질소가 덜 필요하여, 결과적으로 식물이 쓸 수 있는 질소 초과분을 토양용액으로 배설한다.

이것들의 크기는 길이 2mm, 폭 50㎛에 달하며, 티스푼의 흙에는 약 50~500개가 들어있다. 전 세계적으로 40,000여 종이 있다. 선충류는 식물에 유익하거나 기생할 수 있다. 이것들이 식물을 공격할 때 뿌리에 구멍을 뚫고 즙을 빨아들여 식물을 약화시킨다. 이렇게 구멍 난 상처는 다른 병원체의 침투 입구가 된다. 이곳에 뿌리혹이 생기나 세포가 부풀어 반응한다. 대표적 예가 당근에 영향을 미치는 뿌리혹선충이라 할 수 있다.

절지동물

절지동물에는 진드기, 노래기, 지네, 쥐며느리, 개미, 톡토기, 흰개미 등 다양한 곤충과 유사한 동물이 들어간다. 지구상에 절지동물은 수백만 종이 있다. 규모를 가늠해 볼 때, 북미에는 1,000종의 개미가 있으며 이는 절지동물 일부에 불과하다.

많은 절지동물은 생애주기의 어느 시점에는 토양에 산다. 이것들은 썩어가는 유기물, 더 작은 동물, 곰팡이를 먹고 산다. 미국딱정벌레June beetle와 일본딱정벌레Japanese beetle의 애벌레와 같은 몇몇은 식물 뿌리를 먹는다. 이들은 또한 식물 지상부에 주요 해충이 될 수 있다.

절지동물은 땅을 파고 굴을 뚫는 활동으로 토양에 상당한 영향을 미친다. 이들은 토양구조를 헐렁하게 하여 식물 뿌리가 뻗어 나가는 데 도움이 된다. 이들은 또한 중요한 분쇄기로서 낙엽·나뭇가지와 같은 큰 유기물을 작은 조각으로 씹어 미생물이 더 쉽게 분해할 수 있도록 돕는다. 진드기와 톡토기는 온대 지역에서 낙엽과 나무 잔해의 30%를 먹어 분쇄한다.

절지동물은 다른 생물체보다 훨씬 더 많이 움직이며, 더 작은 생물체의 운송 수단이 된다. 이러한 식으로 이들은 높은 생물다양성을 유지하는 데 중요한 역할을 한다. 절지동물은 상대적으로 커서 토양 생물량이 상당할 것으로 생각할 수 있지만, 선충류와 원생동물보다 작다.

지렁이

정원사들은 지렁이가 건강한 토양을 상징하므로 지렁이를 보는 것을 좋아한다. 환경운동가들은 북미의 숲에 해를 주는 침입종이라서 별로 좋아하지 않는다. 토양에 갑자기 침범한 지렁이가 생각지도 못한 생태계 변화를 일으킬 수 있어 우려를 낳고 있다. 의심할 여지 없이 지렁이는 토양에 큰 영향을 미친다.

지렁이는 몇몇 주요 부분으로 구성된 긴 소화관에서 토양과 유기물 등의 먹이를 흡수한다. 지렁이는 식도의 석회샘에서 탄산칼슘(알칼리성)을 분비하여 먹이를 중화한다. 그리고 나서 먹이는 모래주머니로 이동하여, 이곳에서 먹이를 작은 입자로 으깬다. 소화를 돕기 위해 효소가 더해지면서 위장胃腸으로 옮겨져, 우리 위장과 마찬가지로 영양소를 흡수한다.

이 모든 것이 동물의 소화 시스템과 비슷한 것처럼 들리지만, 중요한 핵심 요소가 있다. 바로 미생물이다. 지렁이는 수분과 pH 수준을 조절하여, 소화 과정을 돕는 미생물 개체군의 생장을 촉진한다.

지렁이는 토양 및 유기물과 함께 많은 양의 미생물도 섭취한다. 사실 주요 먹이원은 유기물이 아니라 미생물이다. 지렁이는 살아있는 미생물을 배설하고 토양 전체에 확산시키는 데 중요한 역할을 맡는다.

지렁이의 소화 시스템은 그다지 효율적이지 않다. 섭취한 먹이의 5~10%만 지렁이 소화기관에 흡수된다. 나머지는 분변토worm casting로 배출되는데 이것은 영양소, 토양 및 다량의 미생물이 뒤섞인 소화액으로 코팅된 입자이다. 분변토는 미생물 활성도가 일반 토양보다 10~20배 더 높다.

지렁이는 실제로 퇴비화를 많이 하지 않는다. 약간 소화를 하지만, 그 과정에서의 주된 기여는 유기물을 작은 조각으로 쪼개서 미생물과 섞는다는 것이다.

토양검사: 지렁이 수

토양이 메마르면 지렁이는 토양 깊이 들어가서 그 숫자가 부정확해진다. 봄과 가을에도 적으므로 여러 번 측정해서 평균을 내는 것이 좋다.
약 60cm^2(1제곱피트)의 토양을 측정한다면, 깊이 30cm까지 토양을 파서 골판지나 신문지에 펼쳐 놓는다. 흙덩어리를 부수고 지렁이를 모두 센다. 토양이 건강하다면 약 60cm^{2}에 최소 10마리의 지렁이를 찾을 수 있다.

충분히 강조하지 못했지만, 대부분 퇴비화 과정은 분변토가 지렁이의 소화기관을 빠져나온 후에 빠르게 일어난다는 점이다. 외부에서 분변토의 유기물이 퇴비화 과정을 통해 영양소가 무기화되어 식물이 이용할 수 있게 된다는 점이 가장 중요하다.

지렁이가 토양을 파고 들어가면서 큰 구멍을 만들어 통기성과 뿌리 생장에 중요한 역할을 한다. 또한 유기물을 토양 표면에서 더 깊은 곳으로 이동시킨다. 그들은 축축한 토양, 중성 토양(pH) 및 적당한 온도를 선호한다. 정원사에게 지렁이의 존재는 유기물과 미생물이 풍부한 건강한 토양의 지표가 된다.

지렁이는 유기물의 분해 속도를 높이고 시간이 지남에 따라 유기물 수준을 떨어뜨려서 산림에서 문제가 된다. 이 점은 나무와 나무를 돕는 곰팡이에게 중요한 문제이다.

지렁이 종류는 약 7,000여 종이며, 토양 1~5m^2당 10~50여 종이 있다. 1헥타르(ha)에는 230~1,100kg의 지렁이가 있을 수 있다.

제7장

유기물

정원사들은 유기물이 토양에 중요하다는 것을 알고 있지만, 실제 이유를 이해하는 사람은 거의 없다. 유기물은 단지 식물에 대한 영양소의 원천만이 아니다. 이 장에서는 유기물이 미치는 토양 화학적, 생물학적 영향에 대해 자세히 살펴보자.

모든 생물체는 탄소에 기반을 두고 있으며, 유기有機라는 용어는 이 사실을 나타낸다. 토양에는 3가지 기본 형태의 유기탄소가 있다. 일부에서는 단순하게 살아 있는 것, 죽은 것, 완전 죽은 것으로 나누기도 한다. 전체 15%의 탄소는 식물 줄기나 잎, 뿌리 등의 살아있는 생물체를 구성한다. 죽은 것은 분해 과정에 있는 모든 유기물을 의미한다. 완전 죽은 것은 거의 분해되어 부식질과 숯 등의 안정적인 형태를 말한다. 토양에는 화재로 만들어진 소량의 숯이 들어있다. 매우 안정적이라서 수백 년 동안 지속되지만, 토양이나 식물 생장에 큰 영향을 미치지 않는다.

이런 유기물 구분이 완벽할까? 그렇지 않다. 어떤 공급원에는 앞서 말한 3가지 형태의 탄소가 모두 들어있다. 어떤 것에는 죽은 것과 완전 죽은 것만을 포함하며, 또 다른 것에는 단백질, 탄수화물과 같은 큰 분자 형태로 탄소가 들어있다. 토양의 유기물을 분석하지 않는 한 실제 그 구분은 그다지 중요치 않다. 그렇다면 무엇을 분석해서 결과물로 보고하는지 아는 것이 중요하다.

채취한 토양시료에선 보통 지렁이처럼 살아있는 생물이나 큰 식물 뿌리를 제거한다. 그런 다음 실험실은 살아있는 생물과 자유 유기분자가 들어있는 토양의 유기물질을 측정한다.

토양에 0%에서 90%까지 유기물량이 들어 있을 수 있다. 무기질 토양은 보통 중량 기준으로 유기물량이 3~6% 정도 있지만, 이상적인 유기물 수준은 토성마다 다르다. 사질토에서 유기물량 2% 정도는 매우 좋으며, 2% 이상 높은 수준을 얻기가 어려울 수 있다. 반면 식질토에서 유기물량은 5% 정도가 적당한 것으로 본다. 이 숫자는 표토에서의 유기물량을 나타낸다. 유기물량이 20% 이상인 토양은 유기질 토양으로 보며, 이탄습지*와 같은 곳에서 발견된다.

유기물량의 백분율 값이 혼란스러울 수 있다. 실험실은 일반적으로 중량 기준으로 결과를 작성한다. 인터넷 자료 등에서 특히 혼합 토양의 유기물량을 부피 단위로 측정해서 훨씬 더 큰 값으로 표기하는 경우가

* 이탄이 쌓여서 만들어진 습지를 말한다. 이탄은 고위도 지방의 춥고 습한 지역에서 죽은 식물들이 미생물 분해가 제대로 이뤄지지 않은 상태로 토양층에 쌓여 만들어진다.

있다. 부피당 10%의 유기물량은 중량당 5%와 거의 같다. 안타깝게도 대부분 유기물량을 표시할 때 중량인지 부피인지를 표시하지 않는다.

유기물은 대부분 토양에서 작은 성분이지만, 거의 모든 토양 특성에 큰 영향을 미친다. 유기물량이 늘어나면 다음과 같은 토양 물리성에 효과가 있다.

- 떼알구조 증가
- 토양으로의 수분 침투 개선
- 통기성 개선
- 보수성 개선
- 식질토의 경작 개선
- 토양피각 감소
- 공극량 증가

유기물량 증가는 또한 토양 화학성에도 효과가 있다.

- CEC(양이온교환용량)가 커져 양이온 수준 증가
- 질소, 붕소, 몰리브덴, 인 및 황의 유효도 증가
- 미생물 활동 촉진
- 미생물 다양성 개선

토양에 유기물을 섞으면 단기적으로 부정적인 영향을 미칠 수 있다. 유기물 탄질비가 높아져 질소가 미생물에 흡수되어 고정될 수 있다. 일부 식물유래 부산물은 다른 식물에 해가 될 수 있다*. 예를 들어, 구주개밀 뿌리는 작물의 생장을 늦출 수 있다. 그러나 토양에 생유기물을 섞어주는 것은 부숙 유기물(퇴비 등)보다 더 낫다. 그 까닭은 더 많은 영양소를 제공하고 떼알구조를 촉진해 물리성을 개선하기 때문이다.

정원사는 정원에 영양소를 공급할 때 퇴비**와 두엄***을 생각한다. 이것들이 주요한 식물의 영영소 공급원이 되겠지만, 그 진정한 가치는 빠르게 번식하고 수명이 짧은 미생물에게 먹이를 제공하는 것이다. 이런 끊임없는 미생물의 순환은 토양에 들어가는 유기물의 효과를 갑절로 늘린다. 유기물은 탄소의 주요 흡수원이며 약 60%의 탄소로 구성된다. 식물은 공기에서 이산화탄소를 포집하여 비교적 안정적인 탄소로 만든다. 식물이 죽으면 분해가 시작되어 이산화탄소가 공기 중으로 되돌아간다. 전통적인 농업 관행은 이 과정의 속도를 높이고 전 세계의 이산화탄소 문제(기후변화)를 가중시킨다. 지구 차원에서 우리는 토양의 탄소량을 유지하거나 늘려야 한다.

토양에 있는 유기물량은 균형 잡혀 있다. 그러나 유기물 분해와 침식으로 인해 손실이 발생한다. 손실률을 줄이고 손실을 보상하기 위해서는 지속해서 생유기물을 토양에 넣는 것이 우리의 목표이다.

---

* 탄질비(C/N율)가 30 이상으로 높은 유기물을 토양에 넣으면 미생물이 갑자기 늘어나 토양 속에 질소를 빼앗아 이용하여 식물은 일시적으로 질소가 부족한 증상이 일어난다. 이를 질소기아현상이라고 한다. 이때 식물의 잎은 누렇게 변하고(황화현상) 생장이 부진해질 수 있으나, 유기물 분해가 어느 정도 마무리되면 이 현상은 사라진다.

** 짚류, 낙엽 등의 유기물을 쌓아 썩힌 것

*** 풀, 짚 또는 가축의 배설물 따위를 썩힌 거름

분해: 죽은 것을 부식질로 바꾸는 일

다양한 정원 관행에서 토양 유기물이 미치는 영향을 알려면 유기물 분해 과정을 이해하는 것이 중요하다. 이 과정은 미생물에서 지렁이, 식물에 이르기까지 살아있는 생물체에서 시작된다. 어느 시점에서 이들은 죽어 생유기물을 생성한다.

동물과 식물은 하나 이상의 세포로 이루어진다. 세포막의 기능은 매우 다양하지만, 주요 기능은 세포의 내용물을 담는 역할이다. 이곳의 내용물은 질산염·인산염 등의 단순한 영양소와 당분·아미노산과 같은 복잡한 영양소, 단백질·지방·탄수화물처럼 큰 영양소 등 매우 광범위한 화합물로 이루어져 있다. 죽을 때 이러한 세포는 온전하게 유지되어 아무 일도 일어나지 않는다.

가을철 낙엽은 그냥 땅 위에 남아있고, 추운 기후에서는 여전히 봄까지 그대로 있다. 분해의 첫 단계는 절지동물이나 지렁이, 곰팡이가 잎을 더 작은 조각으로 찢기 시작하는 것이다. 이 시점에서 세포벽이 부서지기 시작하여 세포의 내용물이 밖으로 빠져나온다.

세포 내용물은 다양한 크기의 수천 개 화학물질이 들어있는 수프라고 생각할 수 있다. 이것들은 모두 살아있는 생물체가 쓸 수 있다. 식물 뿌리는 단순한 영양소를 흡수할 수 있고, 미생물은 당분을 먹을 수 있다. 너무 큰 분자 대부분은 이용할 수 없으며, 추가적인 분해를 기다려야 한다. 세포벽은 특수 미생물이 있어야 분해되는 단단한 물질로 만들어져 있다. 곰팡이는 리그닌과 셀룰로스를 분해할 수 있는 몇 안 되는 생물체 중 하나이다.

이 무기화 과정은 사람들이 생각하는 것보다 훨씬 느리다. 흙처럼 보이는 '완성된 퇴비'에 대해 이야기하지만, 이것은 대부분 분해가 끝나지 않는 물질이다. 재료와 환경조건에 따라 몇 년 동안 계속 분해되지만, 대략 분해가 완성되기까지 5년이 걸린다.

이 분해 과정은 춥거나 건조한 기후에서 더 느리고, 점토는 유기물 분해를 막는다. 배수도 영향을 미치는데 습한 지역은 분해에 필수적인 산소 농도가 낮아서 더 느리게 진행된다. 이런 까닭으로 유기물이 많이 들어있는 유기질 토양이 습지에 존재한다.

5년의 무기화 기간에 영양소는 세포에서 천천히 나온다. 일부는 식물이나 미생물이 쓰지만, 대부분은 토양입자에 붙어 향후 이용을 위해 저장된다. 이처럼 유기물에서 영양소가 느리게 지속해서 나온다는 점이 식물에 좋은 주된 이유이다.

이 과정이 끝나면 남아있는 유일한 것은 탄소, 산소, 수소의 혼합물인 부식질腐植質, humus이다. 이것은 더 이상의 붕괴에 저항하는 매우 안정적이고 복잡한 분자로 묘사된다. 일부 전문가들은 부식의 나이를 1,000세로 추정한다.

식물은 공기와 물에서 탄소, 산소, 수소를 얻을 수 있어, 부식질은 식물에게 영양가가 없는 물질이다. 그러나 부식질은 토양 성질을 조절하는데 중요한 역할을 한다. 유기물로 인한 많은 이익은 실제로 부식질 때문이다.

부식질의 진실

앞 절에서 부식질에 관해 토양의 매우 안정적인 구성요소라고 수년 동안 설명했는데 그 견해가 바뀌었다. 부식질이라는 용어에 대해 사람들이 잘못 쓰고 있어 약간의 설명이 필요하다. 정원사는 부식질토에 관해 이야기하고, 부식질을 구매한다. 이러한 맥락에서 이 용어는 이상적인 검은빛 부스러기 토양을 설명하는 데 쓰인다. 토양공급업체는 제품에 '부식토humic soil'라는 단어를 포장에 적어 구매자들에게 제품이 우수하다고 믿게 만드는 경향이 있다. 실제로는 부식질을 살 수 없으며, 이런 제품 중에는 부식질이 들어있지 않다. 대부분은 퇴비거나 토양과 퇴비의 혼합물이다.

강알칼리성 용액으로 처리함으로써 부식질이 추출되는데 관련 연구가 200년 이상 이루어졌다. 그것이 부식질이라고 불리는 검은 물질이다. 이 물질의 화학구조를 정의하기 위해 큰 노력을 기울였지만, 그 구조는 여전히 알려지지 않았다. 부식질의 또 다른 큰 문제는 과학자들이 토양에서 그것을 찾을 수 없다는 점이다. 그것을 추출한 후에만 볼 수 있고 검사할 수 있다.

부식질에 대한 혼란스러운 측면 중 하나는 분해 과정에서 생물체가 큰 분자를 지속해서 작은 분자로 변환한다는 점이다. 최종 산물이 작은 분자가 된 거라 예상할 수 있다. 그렇지만 분해 과정이 끝날쯤에는 초기 대부분 분자보다 훨씬 더 큰 분자로 구성된 부식질을 만드는 경향이 있다. 부식질은 매우 안정적이며 미생물조차도 분해할 수 없다. 비록 미생물이 탄소 기반의 거의 모든 것을 분해할 수 있음에도 불구하고 말이다. 아무도 이러한 과정을 설명할 수 없었다.

추출한 부식질을 이용한 연구의 문제점은 강알칼리성 용액으로 추출하는 과정에서 물질의 성질이 완전히 바뀐다는 점이다. 마치 여러 채소를 믹서기에 갈아 넣고, 그 결과로 나온 스무디*를 보고 원래의 채소를 알려고 하는 것과 같다. 현재 진보한 화학 기술을 고려할 때 과학자들은 부식질이 실제 토양에 존재하지 않는다는 결론에 이르렀다.

앞 절에서 설명한 분해 과정에서는 이를 고립된 단방향 과정으로 설명하였다. 큰 분자는 계속해서 작은 분자로 쪼개진다. 이 설명에서 무시한 것은 미생물이 작은 분자를 큰 분자로 고정하는 평행과정이라는 점이다. 사실상 미생물은 쪼개진 작은 분자를 흡수하여 다시 새로운 큰 분자를 만들어, 처음부터 다시 시작하도록 함으로써 분해 과정을 늦춘다. 분해는 실제로 양방향 과정이다. 무기화와 부동화가 동시에 발생한다.

이 시나리오에서 부식질은 안정적이지 않으며, 계속 유동적이다. 언제든지 다양한 분자로 바뀔 수 있다. 이 설명이 현재의 과학 데이터와 더 일치한다.

왜 부식질에 대해 다른 설명을 했을까? 이 절의 내용은 현재 과학적 견해에 대한 것이지만, 다시 바뀔 수 있다. 부식질에 대해 200년 동안 논의해 왔다. 앞 절의 부식질 정의는 대부분의 정원가꾸기 문헌에서 찾을 수 있는데 쉽게 교육할 수 있는 장점이 있다. 확실히 고정된 부식질의 개념은 동적 시스템보다 이해하기 쉽다.

---

* 신선한 채소 등을 갈아 만든 음료

토양의 오해와 진실: 부식질 존재

화학물질 처리로 추출된 부식 물질의 총칭을 부식질이라고 하며, 여러 가지 화합물로 생성되어 있다. 다음은 통상 논의되는 3가지 형태의 부식질이다.

- 풀브산(fulvic acid)은 산과 알칼리에 용해되고, 미생물에 의해 분해된 작은 분자를 가지고 있다(황색~갈색).
- 부식산(humic acid)은 중간 크기의 분자로 구성되며 알칼리에는 용해되지만, 산에는 용해되지 않는다(갈색 또는 회색). 미생물 공격에 강하다.
- 휴민(humin)은 분자가 가장 크고 가장 어두운색이며, 산과 알칼리에 녹지 않는 불용성이며 미생물의 영향을 받지 않는다.

부식질이 토양과 식물에 큰 가치를 지닌 것으로 인식되므로 특별한 의미를 부여한다. 이 때문에 관련 회사들이 이 제품을 파는 결과를 낳았다. 이 물질은 자연스러운 화합물이 아니며, 토양에서 단독으로 존재하지 않는다는 점을 명심해야 한다. 친환경적 정원 가꾸기에 부식질을 개량재로 써서는 안 된다. 이러한 화합물이 천연 유기물보다 더 많은 이점이 있다는 과학적 증거는 없다.

과학적 과정

오늘날의 과학과 과학적 과정*에 대한 회의적인 시각이 많다. 사람들은 과학이 항상 옳을 거라 기대하며, 과학이 반복적이고 자기 교정적인 과정이라는 점을 이해하지 못한다. 과학자의 임무는 아이디어를 개발한 다음 시험하는 것이다. 많은 경우 아이디어가 잘못되었고, 그것을 바로잡는 데 몇 년이 걸릴 수 있다. 이 모든 것이 과학적 과정이다.

과학은 부식질의 이해가 200년 동안 틀렸으며, 1888년 초기에도 일부 과학자들은 부식질의 존재에 회의적이었다. 50년 전에 이것을 재정립하려는 중요한 움직임이 있었다. 부식질에 관한 새로운 생각이 더 설득력이 있지만, 토양에 대한 이해와 화학 기술이 향상됨에 따라 다시 바

* 이론, 가설, 관찰 및 검증의 과정을 통해 규칙을 발견하는 연구 과정

뀔 수 있다.

과학 연구의 핵심은 스스로 바로잡는 과정이 있다는 점이며, 시간이 지남에 따라 과학은 올바른 결론에 도달한다는 것이다. 알베르트 아인슈타인이 1916년에 예측한 중력파를 최근 처음으로 관측했다. 과학은 때때로 느릴 수도 있지만, 다른 방식보다 훨씬 더 낫다.

너무 많은 유기물

위의 설명은 유기물이 토양과 식물을 위해 모든 종류의 위대한 일을 한다는 장밋빛 그림을 그려준다. 그러나 언제나 지나치면 독이 된다. 유기물도 너무 많으면 식물에 해로울 수 있다.

새로 만든 정원이나 오래된 농경지에는 유기물을 지나칠 만큼 공급해도 보통 문제가 되지 않는다. 이러한 토양은 유기물량이 적어 많이 섞어주면 정원에 도움이 될 수 있다. 그러나 해마다 되풀이되면 문제가 발생하며, 특히 틀밭*과 같은 작은 정원에서 자주 문제가 일어난다. 사람들은 30% 수준의 퇴비를 섞어 새로운 틀밭을 만들고, 매년 더 많은 퇴비를 공급한다.

생유기물을 섞으면 토양 미생물이 폭발적으로 늘어나 분해를 시작하므로 질소가 필요하다. 이 과정에서 토양의 질소 농도가 급감하여 식물 흡수량이 감소한다(질소기아현상). 시간이 지남에 따라 균형이 잡히고, 질소를 식물이 다시 이용할 수 있게 된다.

유기물이 완전히 분해되려면 몇 년이 걸린다는 점을 기억하라. 매년

* 목재나 벽돌로 틀을 만들어 흙을 쌓아 올려 식물을 기르는 곳, 일명 상자 텃밭

더 많은 생유기물이 더해지면, 토양에 분해되지 않은 유기물이 꾸준히 축적된다. 몇 년 후 양이 너무 많아져 방출된 영양소가 독성 수준에 도달할 수 있다.

NPK의 양은 식물종에 따라 다르지만, 평균값은 약 7-1-6이다. 식물은 인(P)보다 약 7배 많은 질소(N)를 쓴다. 대부분의 상업용 분뇨기반 퇴비의 NPK는 약 1-1-1이다. 여기에 필요한 질소를 충분히 공급하면, 7배나 많은 인이 더해진다. 인은 토양을 빠르게 이동하지 않고 안정된 형태로 전환하므로 토양에 축적된다. 과도한 질소는 쉽게 쓰이거나 제거된다. 매년 이것을 반복하면 토양에 인 농도가 빠르게 높아진다 것을 알 수 있다.

높은 인 농도는 망간과 철분의 식물 흡수를 더 어렵게 만들어 영양소의 결핍을 초래한다(길항작용). 이로 인해 잎맥 사이 황백화 현상이 나타난다. 어떤 사람들은 철분을 더 뿌려 이 문제를 해결하려고 하지만, 인이 너무 많아 생긴 문제는 철분이 도움이 되지 않는다. 높은 인농도 또한 균근균菌根菌에 해롭고, 식물 뿌리와 균근균이 결합하지 않게 한다. 이로 인해 식물은 영양소를 더 흡수하기 위해 더 많은 뿌리를 만들어야 하므로 꽃과 열매가 줄어들 수 있다.

유기물량은 토양검사 없이는 알기 어렵다. 그 양은 확실히 토성, 경작 관행 및 환경에 따라 달라진다. 식물기반 유기물은 분뇨기반 유기물보다 상대적으로 인의 양이 적다. 이는 원재료에 따라 인 농도가 따르기 때문이다. 너무 많은 유기물의 부정적인 효과는 누적되며, 잘 드러나지 않는다.

최근 몇 년 동안 소규모의 집약 유기농 농장의 토양검사에서 여러 가지 식물 생장 문제와 높은 인 농도가 보고되었다. 유기물 문제를 감지하는 가장 좋은 방법의 하나는 인 농도를 모니터링하는 것이다. 인이 높아지면 유기물 투입을 중단하라.

퇴비

퇴비(콤포스트)라는 용어는 다양한 방식으로 쓰인다. 영국에서는 이것을 화분용 토양으로 이해한다. 또한 모든 유형의 유기물을 설명하는 데 이 용어가 쓰인다. 이 책에서는 약 6개월 동안 생유기물을 쌓아 올려 부분적으로 분해된 유기물을 말한다.

퇴비 특성은 이것을 만드는 데 쓰인 재료와 방법에 따라 크게 달라진다. 퇴비의 영양소는 합성비료보다 상대적으로 낮다. 집에서 만든 퇴비를 조사한 연구에서 평균 NPK는 3-1-1.5이며, 많은 상업용 퇴비 제품은 1-1-1이다.

분해에 관한 절에서 퇴비가 만들어지는 과정을 설명했다. 물리적으로 큰 유기물을 더 작은 구성요소로 천천히 바꾸는 미생물 공정이며, 대부분 기본 영양소, 부식질, 이산화탄소 및 물이 남는다.

이보다 퇴비화 과정은 훨씬 더 복잡하다. 과정이 진행됨에 따라 미생물 개체군은 지속해서 변한다. 처음에 낙엽 등의 유기물 더미에는 유리질소遊離窒素*가 거의 없다. 이 시점에는 곰팡이가 주요 활성 미생물이다.

유기물이 분해되고 세포의 내용물이 방출됨에 따라 질소를 더 많이 이용할 수 있게 된다. 이 조건은 서늘한 환경을 즐기는 세균 성장을 촉

* 화학적으로 결합하지 않는 질소

진한다. 세균 활동은 유기물 더미 온도를 높이기 시작하고, 온도 변화에 따라 완전히 새로운 미생물 개체군이 발생한다.

토양의 오해와 진실: 퇴비는 산성이다.

퇴비의 pH는 투입 성분에 따라 다르다. 초기에 유기산이 만들어져 퇴비 더미의 pH가 더 떨어져 산성화가 된다. 이러한 조건에서 곰팡이는 세균보다 더 잘 자라고, 식물의 리그닌과 셀룰로스를 분해하기 시작한다. 그 결과 pH가 상승하고 세균이 더 많이 생긴다. 완성된 퇴비는 보통 알칼리성으로 pH가 7~8이 된다. 예를 들어, 정원식물 쓰레기는 7.7, 여러 가지가 섞인 두엄은 7.9, 낙엽쓰레기는 7.2 정도이다. 말똥두엄은 6.4, 바크퇴비는 5.4로 pH 7 이하이다. 정원식물 쓰레기로 만든 퇴비의 pH는 7.0에서 7.5 사이이다.

결국 질소는 다시 부족해지고 미생물이 죽기 시작한다. 유기물 더미가 식기 시작하고, 통상 말하는 완성된 퇴비를 얻게 된다. 이것을 정원 토양에 뿌리면 퇴비화 과정이 몇 년 동안 계속 진행된다. 이 전체 과정을 제어하는 중요한 요소는 탄소(C) 대 질소(N)의 비율(탄질비)이다.

탄질비(C/N율)

퇴비를 만들기 위한 보통의 조언은 갈색(낙엽 등)과 녹색(신선한 식물)의 적절한 비율을 사용해야 한다는 점이다. 이는 높은 온도로 빠르게 퇴비화를 진행하기 위한 시도이다.

생물체가 자라기 위해서는 일정량의 탄소와 질소가 필요하다. 이들에게 이상적인 먹이 공급원의 탄소와 질소의 비율은 약 30 : 1이다. 대부분 퇴비 더미에는 여분의 탄소를 가지고 있으나 질소가 충분하지 않다. 질소가 너무 낮으면 모든 생물체의 신진대사가 느려지고 퇴비화 과정도 느려진다. 느린 퇴비화는 기생충과 잡초 씨앗을 죽일 만큼 뜨거워지지 않는다. 많은 질소는 미생물 성장에 큰 영향을 주지 못하는데 이는 과잉 질소는 보통 대기로 날아가 버리기 때문이다.

토양의 오해와 진실: 녹색과 갈색의 유기물 비율

통상의 권장 사항은 갈색과 녹색의 유기물을 30:1의 비율(중량 단위)로 섞는 것이지만, 이것은 완전히 잘못된 것이다. 갈색 대 녹색 비율에 관한 생각은 정원사들이 이해하기 쉬울 수도 있지만, 그것은 과정에 대한 오해로 이어진다. 탄질비가 30:1이어야 하는 점은 사실이지만, 녹색과 갈색 대신 높은 질소성분과 낮은 질소성분의 재료라는 용어를 쓰는 것이 더 적절하다.

가장 단순한 형태의 용어는 이해하기 쉽다. '갈색'은 낙엽, 마른 풀, 목재, 종이 및 짚 등의 갈색인 모든 식물 재료를 의미한다. '녹색'은 신선한 풀이나 잡초, 제초작업 쓰레기, 음식물 쓰레기 등을 말한다.

갈색과 녹색의 유기물에는 탄소와 질소가 들어있는데 이것들은 고유한 탄질비를 갖는다. 예를 들어, 말똥은 약 25:1이며, 낙엽은 나무 나이와 잎 종류에 따라 다르지만 약 50:1의 비율을 갖는다. 분뇨는 갈색이지만 상대적으로 질소 함량이 높아서 녹색으로 간주한다. 낙엽은 갈색이지만 녹색 상태로 잎이 떨어지면 녹색 유기물이 된다. 모든 것이 혼란스러워진다.

분뇨와 낙엽을 어떻게 섞어야 하나? 갈색과 녹색 비율인 30:1의 법칙을 따라 1개 분뇨에 30개의 낙엽을 섞으면, 49:1의 탄질비를 낳는다. 탄질비 목푯값 30:1을 만들려면, 낙엽 1에 분뇨 4를 혼합해야 한다.

퇴비 더미의 재료 비율은 훨씬 더 복잡하다. 보고된 탄질비는 중량 기준인데 대부분 정원사는 부피 기준으로 재료를 혼합한다. 재료에 수분이 중량의 큰 부분을 차지하며, 특히 식물 재료의 경우 더욱 그렇다. 재료에 대한 탄질비 데이터가 있지만, 대부분 정원사는 투입된 재료의 탄질비를 모른다.

여러 가지 유기물의 탄질비

유기물	탄질비
알팔파(식물명)	12
골판지	350
커피 찌꺼기	20
옥수수 줄기	75
음식물 쓰레기	12~30
잔디쓰레기(생)	15
식물잎	60
분뇨	5~25
신문	170
솔잎	80
밀짚 / 건초	75
잡초	30
나뭇재	25
목재칩	400

어떤 사람들은 퇴비 촉진제compost booster 또는 퇴비 첨가제compost starter를 혼합할 것을 권장하지만 이는 불필요하다. 이것에는 약간의 미생물과 질소가 들어가 있다. 퇴비 더미에 넣은 모든 식물 재료는 미생물이 감싸고 있어 미생물이 필요하지 않다. 탄질비가 너무 높으면 질소가 도움이 될 수 있는데 요소가 더 저렴한 대안이다.

퇴비 더미에 단순히 유기물 재료를 집어넣고 더미를 뒤집으면 퇴비를 만들 수 있다. 이 과정이 더 느릴 수 있지만, 분해를 멈출 수는 없다.

고온 퇴비화

앞서 설명한 것은 고온 퇴비화 과정이다. 여러 가지 변형이 있지만, 보통 큰 퇴비 더미를 만들어 적절한 탄질비를 얻으려는 것이다. 촉촉한 상태로 유지되고, 주기적으로 뒤집어 공기가 퇴비 더미로 들어가도록 하면 열이 발생하여 분해 과정이 빨라진다.

더운 기후에서는 퇴비를 몇 달 안에 쓸 수 있다. 모든 공정을 제어하는 제조공장에서는 더 빨리 퇴비를 만들 수 있다.

저온 퇴비화

소규모 작업 시 문제는 탄질비가 적절한 재료만을 사용할 수 없다는 점이다. 대부분 가을에 구할 수 있는 재료는 질소 수준이 낮다. 고온 퇴비화의 차선은 저온 퇴비화이다. 퇴비재료를 쌓아 놓고 그대로 둬라.

퇴비재료에 질소가 부족하다는 점은 퇴비화 과정에서 세균보다 곰팡이가 더 많아지고, 퇴비 더미는 가열되지 않는다는 것을 의미한다. 그 결과물은 통상 부엽토leaf mold라고 불리며, 부분적으로 분해된 잎과 곰팡이 균사로 되어 있다. 이것은 여전히 좋은 퇴비이다. 고온에서 생산된 퇴비와 같은 영양소를 갖고 있지만, 죽지 않은 씨앗과 병원균이 있을 수 있다.

저온 퇴비화 방법은 열을 충분히 생성할 수 없는 작은 퇴비 더미나 퇴비제조용 회전 드럼통에서 쓰인다.

지렁이 퇴비화

버미콤포스팅vermicomposting이라고 하는 이 방법은 용기, 유기물, 지렁이가 필요하다. 지렁이는 유기물을 먹고 토양을 개량하는 데 이용되는 지렁이분변토, 즉 지렁이똥을 생성한다.

비록 퇴비화라고 불리지만, 실제로는 이 과정의 형태가 아니다. 이것은 지렁이 퇴비화vermicomposting가 아니라 지렁이 소화vermidigestion*라고 해야 한다. 결과는 분해된 유기물의 한 형태이지만, 이것이 퇴비와 얼마나 비슷한지는 분명하지 않다.

이 방법은 주택의 작은 용기(뚜껑이 있는 통)에서 이루어지지만, 대규모 작업에도 적합하다. 용기 크기와 관계없이 쓸 수 있고 여러 개를 이용할 수 있다. 옆으로 길쭉한 용기에 한쪽에 생유기물을 넣으면 지렁이가 이동하면서 분해하는 방식을 채용한 판매 제품을 흔히 볼 수 있다.

기존 퇴비더미 옆에 생유기물을 넣으면 지렁이가 자연스럽게 움직여 분변(똥)을 남긴다. 이런 식으로 지렁이가 끝까지 도달해 분해가 다 되면 반대쪽에 생유기물을 넣고 이 과정을 다시 반복한다. 지렁이를 따뜻하게 해 주어야 하므로 추운 기후에서는 실내에 둬야 한다.

보카시 퇴비화

북미의 보카시 퇴비화**는 가정에서 이루어지는 소규모 방법을 말한다. 싱크대 아래에 용기를 두고 음식물 쓰레기를 넣는다. 시간이 지남에 따라 보카시 발효가 이루어져 퇴비를 얻는데 이를 정원에 이용한다.

세계 여러 곳에서 보카시 퇴비화는 고온 퇴비화와 다르지 않게 더미

---

* 섭취한 먹이를 흡수할 수 있는 형태로 분해하는 과정

** 보카시 퇴비화(Bokashi composting)는 음식물 쓰레기 등의 유기물을 발효하여 토양개량재로 만드는 과정이다.

를 쌓아 올려 큰 규모로 이루어진다. 투입 재료는 일종의 식물성 쓰레기와 분뇨이다.

보카시 퇴비화와 고온 퇴비화 비교

보카시 퇴비화	고온 퇴비화
발효 질소 손실 없음 특수 미생물 산성 탄질비 = 10:1	퇴비화 질소 손실 이산화탄소 생성 에너지 손실 탄질비 = 30:1

보카시 퇴비화라고 하지만, 이것은 맥주와 와인을 만드는 발효과정과 다를 바 없다. 즉, 특별한 미생물을 혼합하여 혐기성 환경에서 투입물이 발효된다.

이 투입물은 토양에 들어가기 전까지 분해가 실제 일어나지 않는다. 보카시 퇴비화로 발효된 재료가 미발효물보다 더 빨리 분해된다는 생각에 기반을 두고 있지만, 이것이 사실인지 불분명하다.

현장 퇴비화

현장 퇴비화는 자연이 스스로 일을 할 수 있도록 유기물을 현장에 남겨두는 모든 과정을 말한다. 식물체 부산물을 경작지에 남겨 분해되도록 하는 경작법이 무경운 농법이다. 녹비식물을 비롯하여 많은 식물성 유기물을 남긴다.

이 방법을 정원에서 쓸 수 있는데 잘라놓아두기법cut-and-drop method이라고 한다. 대부분 잡초뿐만 아니라 전정지나 나뭇가지를 정원의 지표면에 바로 놓아둔다. 이것들을 큰 나무 뒤에 던져 안 보이게 할 수 있지만, 그냥 그곳에 그대로 남겨둔다.

퇴비화: 어떤 방법이 가장 좋을까?

어떤 퇴비화 방법이 가장 좋은지에 대한 많은 논의가 있지만 실제로는 거의 같다. 어떤 것은 다른 것보다 더 빠를 수 있고, 이익이 될 수도 있고 아닐 수도 있다. 중요한 것은 자연에서의 그 과정이 느리다는 점이다.

퇴비화 과정에서 생산되는 결과물은 투입 재료와 깊은 관련이 있다. 한 줌의 두엄은 퇴비화 과정이 아니라 투입 재료에 따라 영양소가 달라진다. 다양한 퇴비화 방법 중 어느 하나도 영양소의 양을 늘리지 않는다.

퇴비화는 투입재료의 칼륨과 질소 함량에 영향을 미칠 수 있다. 세포가 분해되면 칼륨은 큰 분자로 묶여 있지 않아서 침출로 쉽게 손실된다. 미생물은 또한 질소화합물을 질소가스로 전환하므로 손실될 수 있다. 이러한 2가지 까닭으로 부분적으로 퇴비화하거나 대부분 물질은 현장에서 분해가 되도록 하는 것이 최선이다. 퇴비를 만드는 최선책은 여러분이 좋아하는 방식이 가장 바람직하다. 어떤 형태의 퇴비도 식물쓰레기를 쓰레기 처리장으로 가져가 버리는 것보다 낫다.

토양의 오해와 진실: 퇴비 첨가제(compost starters) 및 촉진제 (accelerators)

퇴비 첨가제는 퇴비화 과정을 시작하는 데 도움이 되는 제품이며, 소위 필수 미생물이 들어있다고 한다. 하지만 이러한 제품은 필요하지 않다. 퇴비화에 필요한 모든 미생물은 이미 유기물에 붙어 있다. 더 필요하다고 느끼면 한 움큼의 비옥한 흙을 집어 넣어라.

탄질비가 너무 높으면 질소를 추가하여 퇴비화 속도를 높일 수 있다. 이를 위해 특별한 퇴비 촉진제가 필요하지 않다. 질소비료만 넣으면 된다. 많이 필요하지 않으며, 너무 많이 넣으면 요소(소변) 냄새가 난다.

퇴비의 NPK 값

퇴비는 질소와 인이 1~3%, 칼륨은 약 1%로 영양소가 적은 경향이 있다. 상업용 퇴비의 평균은 1-1-1이다.

퇴비의 질소(N)는 즉시 이용 가능한 질소 이온(5%)과, 분해되어야 식물이 쓸 수 있는 큰 유기분자(95%)로 되어 있다. 퇴비에는 식물이 즉시 쓸 수 있는 질소는 거의 없으며, 그 첫해에 10~30%만 방출한다. 이런 까닭으로 채소밭과 같이 질소가 빠르게 필요한 식물 재배에는 합성질소가 더 나은 선택이다. 퇴비는 장기적으로 느리게 방출되는 질소 형태를 갖고 있다. 퇴비에는 질소보다 많은 인(P)이 들어있다. 거의 모든 인 형태는 큰 분자로 묶여 있어 느리게 방출된다.

칼륨(K)은 큰 분자로 합성되지 않으며 식물이 바로 쓸 수 있는 이온 형태이다. 또 물에 잘 녹으며, 빗물이나 세찬 물을 뿌리면 퇴비 더미에서 칼륨이 쉽게 빠져나간다. 사람들이 퇴비를 비닐 등으로 덮어놓는 이유 중 하나다.

킬레이트화 작용

철, 구리, 아연, 마그네슘 및 망간과 같은 몇 가지 중요한 미량 영양소는 원소 형태일 때 금속으로 존재한다. 이 금속들은 산소와 결합하여 철의 부식 과정과 비슷한 녹을 형성한다.

토양에서도 같은 반응이 일어난다. 금속 이온이 산화되면(녹이 발생), 불용화가 되어 식물이 쓸 수 없게 된다. 이러한 양이온은 또한 다른 음이온과 상호 작용하여 물에 녹지 않는 불용성 염류를 형성할 수 있다. 이러한 모든 화학 반응은 토양 용액에서 영양소를 효과적으로 제거한다. 토양은 여전히 많은 양양소를 갖고 있지만, 식물이 쓸 수 없는 형태이다.

킬레이트는 금속 이온이 산소 또는 다른 이온과 반응하지 않도록 잡아주는 유기분자이다. 킬레이트가 금속 이온을 붙잡고 있음에도 불구하고, 식물 뿌리는 금속 이온에 접근하면 많은 양의 영양소를 식물이 이용할 수 있게 킬레이트가 작용한다. 킬레이트는 식물뿌리에 영양소를 공급하는 작은 택시라고 생각하면 쉽다. 식물에 승객(영양소)을 내보내고 다른 영양 이온을 찾으러 간다.

식물은 심지어 금속 이온을 뿌리에서 잎으로 이동시키기 위해 킬레이트를 내부적으로 사용하기도 하는데 목적지에 도달하기 전에 반응하지 않도록 한다. 킬레이트는 식물 생장에 분명히 중요하며, 다음과 같은 이점을 제공한다.

- 영양이온을 식물이 흡수할 수 있는 형태로 유지
- 침전 방지
- pH가 영양이온에 미치는 영향 극복

- 금속이온의 독성 감소
- 용탈 감소
- 식물 병원균 억제

EDTA, DTPA 및 EDDHA와 같은 활성 성분을 가진 킬레이트 제품이 있다. 위의 이점을 위해 토양에 투입할 수 있다. 제조 과정에서 미량 영양소를 킬레이트 분자에 부착한 킬레이트 비료를 구매할 수도 있다. 비료를 토양에 시비하면 영양이온이 즉시 산소나 다른 이온과 반응하는데 이를 막는다.

킬레이트의 천연 공급원은 유기물이며, 토양에 필요한 중요한 이유이다. 실제 유기물은 식물 뿌리가 찾을 때까지 영양소를 유지하며, 유기물량이 많은 토양에 영양소가 더 많은 이유이기도 하다.

제8장

근권

근권根圈은 토양에서 특별하고 독특한 영역이다. 여기에는 미생물 개체군이 천 배 더 많으며, 식물과 미생물이 배설하는 화학물질로 가득 차 있다. 또 생유기물이 많으며, pH는 다른 곳과 상당히 다를 수 있다.

이 특이한 곳은 뿌리 주변, 특히 뿌리 끝 근처의 2~3mm 영역으로 본다. 근권의 특성은 뿌리 옆에 집중되지만, 뿌리에서 약 1cm 정도 떨어지면 점차 얇아진다. 이곳은 생물체 개체수가 많아 자원에 대한 경쟁이 치열하므로 다른 토양보다 pH가 낮고 유기물이 많다. 또 이산화탄소 농도가 높고 영양소 함량이 낮고 오염물질과 수분도 적다. 비록 이 좁은 지역이 식물 생장에 중요하지만, 정원사나 농부들은 잘 이해하지 못했다. 과학자들조차 이제 막 이해하기 시작했다.

여러 면에서 토양은 시골과 도시 지역을 닮았다. 시골지역은 토양공간의 대부분을 차지하지만, 소수의 사람(토양 생물체)만 살고 있다. 도시(근권)로 갈수록 인구(토양 생물체)가 늘어나고 교통체증이 심해진다. 즉, 뿌리가 자라는 근권에서 토양 생물체 밀도가 가장 높다. 대부분 생물체 활동은 근권에서 일어난다.

뿌리분비물

뿌리는 모든 종류의 화학물질을 방출하는데 이것들을 모두 뿌리분비물이라고 한다. 연구에 따르면 이것들은 다양한 이유로 만들어진다.

- 경쟁하는 식물의 뿌리 생장 제한
- 공생관계 형성을 위한 미생물 유치
- 토양 및 토양용액의 화학성과 물리성 변경
- 영양소의 이용 확대

뿌리분비물에는 미생물의 완벽한 먹이원인 당분, 탄수화물, 단백질이 들어있다. 당분과 탄수화물은 탄소를 제공하고, 단백질은 살아있는 생물체를 위한 완벽한 뷔페식 질소를 제공한다.

뿌리가 새로운 토양 영역에 들어갈 때 가장 먼저 마주하는 것은 세균과 곰팡이이다. 특히 세균은 뿌리분비물을 먹으면서 폭발적으로 성장한다. 곧이어 이들의 포식자인 선충류와 원생동물이 빠르게 뒤따른다. 미생물 개체수가 증가함에 따라 각 미생물은 자신의 배설물을 제공하여 토양에 영양소가 늘어난다. 뿌리 주변의 수분은 수천 가지의 다양한 화학물질로 가득 차게 된다.

식물 뿌리는 또한 아미노산, 비타민, 유기산, 뉴클레오타이드, 플라보노이드, 효소, 글리코사이드glycoside*, 옥신 및 사포닌을 생산한다. 이것들 중 일부는 식물 근처에 끌어들이고 싶은 특정 생물체를 유인하고, 다른 화학물질은 특정 종에 독이 될 수 있다. 놀라운 점은 뿌리분비물을 사용함으로써 식물이 근권에 사는 미생물의 종류와 수를 어느 정도 통제할 수 있다는 것이다. 심지어 계절과 환경 조건에 따라 개체수를 바꾼다.

뿌리분비물의 정확한 성질은 유전학, 식물 나이, 빛, 물, 온도, 무기염류 결핍, 심지어 해충과 질병에 의한 잎 감소 등 많은 요인에 따라 달라진다. 예를 들어, 37℃ 조건에서 뿌리분비물의 양은 따뜻한 곳에 자라는 강낭콩의 경우는 늘어나지만, 서늘한 곳에서 자라는 완두콩에서는 줄어든다. 완두콩은 서늘한 시기에 열매를 맺으므로 더운 여름철에 더 많은 뿌리분비물을 생산해도 의미가 없다**. 밀은 성숙 단계보다 어린 시기에 6배 더 많은 뿌리분비물을 방출한다.

식물에 뿌려진 제초제, 항생제 및 비료도 뿌리분비물에 영향을 미치며, 이러한 영향에 대해 우리는 거의 모른다. 이러한 화학물질 생산은 식물의 에너지 고갈로 이어진다. 일부 식물은 뿌리를 통해 광합성 산물의 50%를 배출하는 것으로 보인다. 1년생 식물은 광합성 산물의 40%를 배설하며, 대부분 식물은 약 30%로 알려져 있다.

---

* 당분이 비탄수화물 성분과 결합하여 생성되는 분자

** 강낭콩은 7월 상순에서 중순 사이에 열매가 익지만, 완두콩은 서늘한 기후를 좋아하여 더 이른 6월에 열매를 수확한다(한국 기준). 따라서 강낭콩보다 완두콩 열매는 일찍 익으므로 37℃의 여름철에 뿌리분비물을 생산하여도 이익이 없다.

이런 뿌리분비물 생산에 식물의 큰 비용(에너지)이 들어가므로 이것에서 상당한 이익을 얻어야 한다. 미생물은 짧은 수명과 포식 때문에 죽은 미생물이 많이 생긴다. 이렇게 뿌리 근처에 모인 미생물이 죽어 흘러나온 많은 영양소를 바로 흡수한다. 이것은 토양 영양소를 찾아 뿌리를 뻗어 빨아들이는 것보다 훨씬 더 효율적이다.

근권 대부분의 활동은 뿌리 끝 근처에서 일어난다. 대부분 수분과 영양소가 식물의 이곳에서 흡수되는 것이라서 여기서 뿌리분비물을 내뿜는 것이 바람직하다. 뿌리골무*와 뿌리털은 수명이 짧아 근권의 중요한 역할을 한다. 뿌리골무는 매일 최대 10,000개의 세포를 떼어내고, 뿌리털은 겨우 2주밖에 살지 못한다. 이 2가지는 생유기물로서 미생물의 완벽한 먹이 공급원이 된다.

토양효소

효소는 세포 내 대부분의 화학 반응을 담당하는 특수 단백질 분자이다. 단당單糖에서 큰 탄수화물을 만드는 것처럼 큰 분자를 작은 분자로 분해하는 것도 마찬가지로 효소가 있어 이루어진다. 토양 용액에는 많은 효소가 들어있다. 미생물은 많은 효소를 배설하고, 미생물이 죽어 세포벽이 깨지면 훨씬 더 많은 효소를 방출한다. 이 효소는 미생물을 공격하고, 유기물과 다른 효소를 분해한다. 이것은 다른 미생물에 흡수되거나 점토입자에 달라붙는다. 우레아제**라고 불리는 효소는 수천 년 된

* 뿌리 끝에 있는 모자 모양의 조직

** 요소를 암모니아와 이산화탄소로 가수분해시키는 효소

영구 동토凍土에서 발견되었다. 이 효소의 농도는 식물과 미생물이 쓸 수 있도록 큰 분자를 작은 분자로 분해하는 데 완벽하다.

식물은 이 모든 과정을 주도하는 데 상당히 교활하게 움직인다. 식물은 광범위한 생물체를 모이게 하는 뿌리분비물을 생성하고, 차례대로 효소가 유기물을 분해하면 식물이 흡수한다.

건조 효과

근권의 모든 생물체는 수분의 존재에 크게 의존한다. 생물체의 밀도가 높으면 수분이 빨리 소모된다. 이렇게 되면 주변의 토양입자로부터 더 많은 수분이 유입되면서 영양소를 가져온다.

어느 시점에서 토양 수분량이 너무 많이 떨어지면 근권이 마르기 시작하여 미생물 개체수가 꾸준히 줄어들고 뿌리털이 죽는다. 죽은 유기물은 분해 과정에서 공기 중으로 암모늄 손실이 늘어나, 식물이 쓸 수 있는 질소가 감소한다. 이 건조 과정은 근권의 화학성과 생물성을 크게 변화시켜 식물이 필요한 수분과 영양소를 얻기 어렵게 만든다.

수분이 돌아오면 모든 죽은 유기물을 먹는 미생물 증식이 폭발한다. 이러한 급격한 성장 증가로 인해 질소가 부족해져, 식물은 미생물에게 갑자기 질소를 빼앗긴다. 이러한 부족 현상이 일어나지 않도록 식물에 물을 주는 것이 최선이다.

토양산도(pH) 수준

세균과 곰팡이는 모두 근권이 중요하지만, 그 존재는 pH 수준에 따라 달라진다. 곰팡이는 산성 조건에서 더 우세한데 이는 세균이 그곳에 살기 어렵기 때문이다. 곰팡이는 pH 3.5~8.5에서 자랄 수 있는 반면, 세균은 6.5 이하의 토양에서 살기가 어렵다.

식물들은 필요에 따라 pH를 바꾸기 위해 산성 물질을 생성할 수 있다. 뿌리끝 주변의 토양 용액은 다른 곳보다 pH의 2단위까지 다를 수 있다.

질소는 암모늄 이온 또는 질산 이온 상태로 뿌리에서 흡수된다. 양전하를 띤 암모늄 이온을 흡수하면 양이온인 수소를 방출하여 근권이 산성화된다. 음이온인 질산염 이온이 흡수되면 뿌리는 음이온인 수산화이온(OH^-)을 방출하여 pH가 높아진다. 사용하는 비료의 이온 형태는 근권의 pH에 상당한 영향을 미칠 수 있다. 콩과 식물의 질소고정 뿌리혹은 식물이 수소 이온을 방출하여 근권을 산성으로 만든다.

근권에 있는 많은 생물체는 모두 동물처럼 산소를 흡수하고 이산화탄소(CO_2)를 내놓는다. 뿌리조차도 호흡과정을 수행하면서 CO_2를 배출한다. CO_2가 물에 용해되면 탄산이 생성되어 pH가 낮아진다.

이러한 모든 화학 반응의 효과는 근권의 pH가 다른 토양보다 더 산성화된다는 점이다. 이것은 식물이 pH를 조절하여 알칼리성 토양에서 잘 자라는 까닭을 설명하는 데 도움이 된다. 뿌리는 실제로 산성 조건에서 자란다.

많은 정원사가 pH에 집착하는데 큰 의미가 없을 수 있다. 식물은 우리가 생각하는 것보다 훨씬 더 pH를 조절할 수 있다.

동적 미생물 개체군

근권의 미생물 개체군은 복잡하고 다양하다. 많은 요인이 미생물 종류와 수에 영향을 미친다. 공기 중 이산화탄소(CO_2) 수준은 0.04%이고 토양에는 보통 0.3%에서 5%에 이른다. 미생물의 수가 많아서 근권의 CO_2 수준은 최대 20%가 될 수 있다. 그 수준이 높아지면 미생물이 영향을 받는다. 어떤 미생물은 번영하고 일부는 소멸한다.

유기물 분해 과정에서 생성되는 화합물의 유형도 재료에 따라 달라진다. 낙엽과 같은 많은 갈색 재료는 알코올과 알데히드*를 생성하며, 이는 특정 세균에 독이 될 수 있다. 목재의 분해는 곰팡이에 영향을 미칠 수 있는 화학물질을 생성한다. 죽을 때에도 식물은 토양의 미생물에 영향을 미친다.

근권에 미생물들의 수는 높지만, 다양성은 다른 곳의 토양보다 훨씬 낮다. 근권에서 더 빨리 번식하기 때문에, 높은 회전율로 개체군은 빨리 변할 수 있다. 이것은 대부분 식물에 의해 조절된다.

미생물과 식물 사이에는 유익한 많은 상호작용이 있다.

- 특정 뿌리분비물은 균근균을 뿌리로 끌어들인다.
- 씨앗은 미생물 개체군을 조절하기 위해 발아 전과 발아 후 다른 화합물을 생성한다.
- 콩과 식물은 플라보노이드**를 생성하여 근류균을 유인하여 질소고정 뿌리혹을 형성하게 한다.
- 식물 생장을 촉진하는 특수세균은 근권을 점유하여, 식물 생장을 늘리고 무기염류 흡수를 개선하는 식물 호르몬(옥신, 사이토키닌)을 생성한다.

* 알코올의 불충분한 산화에 의하여 생기며, 자극적인 냄새가 있는 액체로서 휘발하기 쉬움

** 식물에 널리 분포하는 노란색 계통 색소

- 미생물은 영양소를 사용할 수 있도록 하는 킬레이트를 생산할 수 있다.
- 감자에 세균을 접종했는데 수확량이 17% 늘어났다. 이는 아마도 병원균을 조절하는 데 도움이 되는 항생제 때문일 것이다.
- 다른 세균은 선충 알의 발생을 억제하는 효소를 방출하여 뿌리 손상을 줄인다.
- 아조스피릴룸(Azospirillum, 나선균족의 일종)은 풀뿌리 주변에 서식하며 질소를 고정하는 세균이다.

과학은 이제 막 이 연관성을 발견하고 이해하기 시작했다. 근권의 미생물이 식물 생장에 중요하다는 것은 분명하다.

타감물질

타감작용allelopathy은 생물체가 다른 생물체의 성장과 생존에 영향을 미치는 화학물질을 생산하는 생물학적 현상이다. 타감물질allelochemicals은 유익하거나 해로운 결과를 가져올 수 있다. 엄격한 정의에서 이것은 모든 종류의 생물체에 적용되지만, 이 용어는 식물들 사이의 상호작용을 묘사하기 위해 정원사가 보통 사용하며, 대부분의 토론은 해로운 영향들 중심으로 이루어진다.

타감작용으로 가장 잘 알려진 사례는 호두나무가 다른 식물의 생장에 미치는 영향이다. 호두나무가 저글론Juglone이라는 화학물질을 분비하기 때문에 호두나무 아래에 아무것도 자라지 않는다고 사람들은 생각한다. 사실 호두나무의 여러 부위에는 저글론이 전혀 들어있지 않다. 공기에 노출되면 저글론으로 변하는 다른 화합물을 호두나무가 가지고 있지만, 이것 역시 빠르게 다른 화합물로 바뀐다. 저글론은 일부 묘목, 특히 토마토, 밤나무의 생장을 방지하지만, 이 결과를 보여주는 대부분의 연구는 야외환경이 아닌 실험실에서 이루어졌다. 아무도 식물 뿌리가 실제로 토양에서 저글론을 흡수한다는 것을 증명할 수 없었다. 흡수하지 않으면 식물 생장에 어떤 영향을 미칠 수 있을까? 일부 식물은 호두나무 아래에서 잘 자라지 않지만, 대부분 식물은 잘 자란다.

타감작용의 다른 예로 마늘냉이*가 있는데 이는 다른 식물과 균근균의 성장을 억제한다. 북미 중부지역의 침입종인 댑싸리*Bassia scoparia*는 봄밀**의 생장을 줄인다.

동반식물 재배는 보통 한 식물을 이용해 다른 식물의 생장을 돕는 방법이다. 부정적인 영향이 있어 동반식물로 함께 재배해서는 안 되는 조합도 나열한다. 이 아이디어의 타당성을 계속 논의하겠지만, 만약 이것이 사실이라면 서로 배척하는 식물들의 조합이 모든 타감작용의 결과라는 것은 거의 확실하다.

여러 식물 사이의 타감작용의 많은 예가 존재하지만, 대부분의 세부사항은 잘 모른다. 타감작용의 화학적 효과는 근권을 넘어 이루어지지만, 식물 뿌리에서 멀어질수록 그 효과는 약해진다.

식물 통제

우리는 식물이 영양소를 얻는 데 수동적이라고 생각한다. 식물은 영

---

* 잎을 비비면 마늘 냄새가 나는 십자화과 식물

** 봄에 파종하여 재배하는 밀

양소를 찾아 뿌리를 키우지만, 영양소가 어디에 있는지 알지 못해서 이 생장은 상당히 무작위적이다. 식물에 대한 이 무기력한 견해는 잘못된 것이다. 식물은 뿌리에 영양소를 공급하는 데 중요한 역할을 한다.

위에서 논의한 바와 같이, 식물은 뿌리 옆에 살기에 적합한 미생물을 먹이원으로 유인해 적극적으로 끌어들인다. 또 토양에서 영양소를 추출하는 데도 적극적으로 일한다.

산성 뿌리분비물은 뿌리 주변 토양 용액의 pH를 변화시켜 토양에서 불용성 무기물을 녹여 유용한 영양소가 생성하도록 돕는다. 실제로 산성 물질은 뿌리 주변의 암석을 녹이고 있다.

이러한 pH 변화는 아연, 칼슘 및 마그네슘과 같은 미량 영양소의 유효성을 늘릴 뿐만 아니라 인을 더 많이 쓸 수 있게 만드는 데 가장 중요하다. 식물이 이용하는 인의 형태는 인산염(PO_4)으로 칼슘, 알루미늄, 철과 함께 불용성 화합물을 생성하여 뿌리가 흡수하지 못하게 한다. 그러나 더 낮은 산성상태에서는 식물이 쓸 수 있도록 인산염이 방출된다.

철분 결핍 상태에서 풀(초본)과 같은 일부 식물들이 철 분자와 결합하는 킬레이트를 분비한다. 뿌리로 향하는 물의 흐름은 킬레이트화된 철을 뿌리 표면으로 가져오고, 이곳에서 철 분자를 떼어서 흡수할 수 있다. 나머지 킬레이트 분자는 다른 철 분자를 찾기 위해 토양 용액으로 돌아간다.

이 모든 뿌리분비물 생산은 식물의 통제하에 이루어진다. 철분 수치가 낮으면 킬레이트를 생성한다. 인 수준이 낮으면 더 많은 산성 물질을 생성한다. 영양소 수준이 좋아짐에 따라 더 이상 미생물 무리가 필요하지 않으면 적은 당을 분비한다. 식물에 충분한 식량이 있는데 굳이 먹이를 줘서 미생물 성장을 장려하는가.

식물은 근권과 미생물 개체군을 조작하여 스스로 이익을 얻는다. 앞의 문장에서 식물의 어떤 종류의 지식, 생각, 계획 또는 지능을 갖고 있지 않다는 점을 이해하기를 바란다. 이 모든 것은 기본적인 화학 반응으로 제어된다. 많은 화학 반응들은 특정한 기폭제trigger에 기반하여, 그들의 활동을 변화시킬 수 있는 능력을 갖춘 효소에 의해 조절된다.

예를 들어, 높은 철분 수준에서는 효소가 존재하지만, 비활성 상태일 수 있다. 그 수준이 떨어지면 더 활성화되어 특수한 킬레이트 분비물을 생산하여 철분자 흡수를 더 쉽게 한다. 철분 농도가 높아지면, 필요할 때까지 활동을 다시 중단한다. 이 모든 것은 지능이 아니라 화학작용의 마법을 통해 일어난다.

제2편

토양 문제 해결

제9장

토양 문제 인식

사람들은 경험이 많은 지인의 조언에 따라 정원을 가꾼다. 예를 들어, 일부 정원 전문가라는 사람이 매년 토양에 석회를 뿌려야 한다고 해서 한다. 이 일은 천연자원과 시간을 낭비하거나 더 심하게는 토양의 건강을 해칠 수 있다.

정원에서 어떤 일을 하기 전에 그 이유를 이해하려는 노력이 필요하다. 어떤 효과가 있을까? 어떤 문제를 해결할 수 있을까? 문제가 해결되지 않는다면 그 일을 하지 않는 편이 낫다. 많은 통상의 정원 관행은 필요하지 않다.

이 장에서는 특정 토양 문제를 살펴보겠다. 이 부분을 읽으면서 자신에게 해당하는지 자문하기를 바란다. 대부분 토양은 다음에서 논의한 문제를 갖고 있지 않으며, 따라서 그 관행은 아무런 의미가 없다. 모든 토양 문제에 대해 이해하면 정원에 대해 훨씬 더 나은 통찰력을 얻을 수 있다.

비료를 주는 이유

정원사들은 누군가가 해야 한다고 말했거나 일부 온라인 정보에서 제안하기에 비료를 시비한다. 그들은 식물에게 영양소를 공급해야 한다는 잘못된 믿음으로 그렇게 한다. 이것은 완전히 잘못된 믿음이다. 식물에 비료를 줄 수 없다.

토양에서 빠져나간 영양소를 채우기 위해 비료를 준다.

최고의 정원 전문가, 전문식물협회 및 비료 제조사 등 소위 전문가 조언뿐만 아니라 읽었던 모든 문헌이 잘못되었다고 믿기 어려울 수 있다.

식물에 먹이(비료)를 주어야 한다는 생각은 완벽해 보이지만 중요한 점이 무시된다. 식물은 토양 용액에서 먹이를 얻는다. 식물에 비료를 직접 주지 않고 토양에 시비한다. 간단한 예로 잘 설명할 수 있다. 여러분의 토양은 인(P)이 적지만 질소(N)와 칼륨(K)이 풍부하다고 가정하자. 길 건너편에 있는 이웃에는 인과 칼륨이 많지만, 질소가 부족한 토양이 있다. 둘 다 같은 비료를 사용하여 토마토를 재배해야 하는가? 분명한 대답은 '아니다'이다. 여러분 토양에는 인산염을 추가해야 하고, 이웃에는 질소를 시비해야 한다. 정원에 뿌리는 비료로 토양에서 빠진 영양소를 공급해야 한다.

아직도 확신이 없는가? 구글Google 이미지 검색기능을 써서 토마토 비료를 검색해 보라. 모두 NPK(질소, 인, 칼륨)가 서로 다른 토마토 전문비료

이미지가 검색된다. 완벽한 공식을 따랐는데 모든 제품이 어떻게 다를 수 있을까. 기껏해야 NPK 하나만 정확히 맞을 수 있다. 비료제조사 마케팅 부서와 고객의 마음을 제외하고, 완벽한 토마토 비료와 같은 것은 없다.

식물은 토양에서 필요한 영양소를 흡수한다. 만약 풀이 더 많은 질소가 필요하다면, 덜 필요한 식물보다 더 많은 질소를 토양에서 가져간다. 즉, 식물이 꽃을 피울 준비로 더 많은 인산염이 필요하다면 토양에서 더 많은 양을 가져간다. 여러분의 임무는 식물이 부족하지 않도록 영양 수준을 충분하게 유지하는 것이다.

토양 영양소가 부족한지 어떻게 알 수 있을까? 토양을 검사해야 한다.

토양검사

토양검사는 토성, pH(산도), 영양소 및 유기물의 수준에 대한 정보를 제공할 수 있다. 한국에서는 시군의 농업기술센터나 농업기술원에 토양검사를 의뢰할 수 있다. 대학교 실험실이나 사설업체도 다양한 항목의 토양검사를 하고 있다.

토양검사 항목은 보통 pH, 인, 칼륨, 칼슘 및 마그네슘 등이다. 다른 영양소, 유기물, 오염물질 및 중금속 등에 대해서도 요청할 수 있다.

많은 토양에는 미량 영양소가 부족하지 않으므로 문제가 의심되지 않는 한 검사할 가치가 없다. 각 지역의 영양소 결핍에 대해서는 지역 연구소나 시군의 농업기술센터에 문의하라. 이곳에서 무슨 항목을 검사해야 하는지 조언할 것이다.

검사 항목에 질소가 빠졌다는 것을 눈치챘을 것이다. 이는 질소 수준은 따뜻한 온도에서 매우 빠르게 변하기 때문이다. 여러분이 토양시료를 실험실로 가져와 결과를 확인할 즈음이면, 그 수치는 이미 변해 있을 것이다. 검사할 필요성이 크지 않으며 검사 비용이 상당히 많이 든다. 대규모 농업회사는 토양시료를 채취해 바로 동결하고, 검사할 때까지 동결 상태로 유지해 시료가 변하지 않도록 한다.

질소는 공급이 부족할 가능성이 큰 영양소이며, 검사가 까다로운 영양소이다. 대부분의 토양분석실험실은 다른 영양소, 유기물량 및 현지 경험을 바탕으로 질소의 양을 추정한다.

토양검사를 받아야 하나?

많은 사람이 토양검사를 받으라는 권유를 하지만 반드시는 아니다. 토양검사에는 한계가 있으며, 항상 가치가 있는 것은 아니다. 대규모 농업회사를 운영하거나 시설원예와 같이 수확량이 사업에 중요하다면 토양검사를 받아야 한다. 그러나 정원식물이나 채소를 키우는 작은 정원이라면 아마도 그 비용을 들일 가치가 없을 것이다.

운영하는 부지 규모 외에 이 질문을 자신에게 스스로 물어보라. 검사 결과로 무엇을 할 것인가? 빠져나간 영양소만 시비할 것인가? 그렇다면 검사에 의미가 있다.

반면에 모든 영양소를 제공하는 두엄 또는 퇴비를 시비한다면 검사를 건너뛰어라. 그저 매장에서 할인한다고 10-10-10 합성비료를 사서 정원에 뿌리는 모든 사람도 이 조언에 해당한다.

토양검사는 새로운 정원 조성에 토양의 빠른 통찰력을 제공한다. 하지만 계속 정원을 가꾸거나 식물이 잘 자라는 정원이 있는 집으로 이사했다면 토양검사가 필요하지 않을 것이다. 식물이 잘 자라지 않으면 영양소가 부족하거나, 반대로 영양 수준이 지나치게 높아 독성으로 작용하는 경우이다. 이 경우에 토양검사는 좋은 생각이다.

다음 중 일부가 해당하면 비료를 뿌리지 않아도 된다.

- 때때로 분해된 유기물을 뿌리 근처에 멀치한다.
- 퇴비를 매년 시비한다.
- 정원 관리에서 나오는 식물쓰레기를 버리지 않고 정원에 되돌린다.
- 식물은 대부분 잘 자라지만, 모든 식물이 정원에서 잘 자라는 것은 아니다.

이 사실을 받아들이고, 비료 시비는 답이 아니다.

토양검사는 무엇을 실제 측정하나?

질소, 인 및 칼륨의 토양검사를 할 때 이 영양소의 총량을 측정한다고 생각할 수 있지만, 이것은 정확한 사실이 아니다. 질소는 토양에서 측정되지 않지만, 보통의 토양검사에서는 연소방법에 따라 총질소량을 측정한다. 두엄, 퇴비 혹은 비료를 측정할 때 질소, 질산염, 혹은 암모늄의 총량을 검사할 수 있다. 어떤 검사가 수행되는지 확인하는 것이 중요하다. 칼륨(K)과 인(P)에 대한 토양검사는 총량을 측정하지 않는다. 대신, 토양시료에서 일부 영양소만 제거하는 추출 절차를 거쳐, 이 추출량만 측정한다. 추출량은 식물이 토양에서 흡수할 수 있는 양과 비슷하므로 식물체에 들어있는 K와 P의 양을 보여준다.

인의 경우, 추출 절차에서 가용성soluble P와 난용성labile P는 추출되지만, 불용성stable P는 추출되지 않는다. 실제 측정된 양은 추출 방법에 따라 크게 달라지는데 추출법은 브레이법Bray, 멜리히3법Mehlich 3, 올슨법Olsen이 있다. 이 추출법들의 문제점은 각각 다른 결과를 보여준다는 점이다. 최적 조건에서 P의 양은 멜리히3법의 경우 40~150ppm, 올슨법은 20~60ppm이다. 검사 방법에 따른 실험실의 결과를 신중하게 비교해야 한다.

추출법을 언급하지 않고 영양소의 양만을 보고하는 문헌이나 블로그 및 소셜미디어SNS 등의 정보는 실제 문제가 될 수 있다. P값이 100ppm이라 너무 높다고 말하는 사람의 말을 믿지 마라. 올슨법으로 측정하면 높을 수 있지만, 멜리히3법으로 측정하면 정상 범위에 있다.

분뇨, 퇴비 또는 비료에서 K와 P를 검사할 때 실험실은 총량을 측정한다. 하지만 이런 제품의 보고된 영양소에는 아직 무기화되지 않아, 식물이 즉시 쓸 수 없는 영양소가 들어있다는 점을 이해하는 것이 중요하다.

CEC(양이온교환용량)는 매우 정확하게 측정할 수 있지만, 이 검사는 비용이 많이 든다. 대부분의 실험실은 측정하는 양이온을 합산하여 CEC를 추정한다. 이 근사치는 산성 토양에서는 상당히 정확하지만, 알칼리성 토양에서는 그렇지 않다. 일반적으로 CEC값은 실제보다 높게 보고된다.

토양검사 결과 활용

토양검사를 의뢰할 때 재배 중인 식물 종류를 지정하라고 한다. 그러면 토양분석 실험실은 토양을 검사하고 해당 식물에 맞게 비료 권장량을 작성한다. 이것은 농업적 관점에서는 큰 의미가 있다. 예를 들어, 콩을 재배하려는 경우 실험실은 콩 생산량을 극대화하기 위해 비료 권장량을 제시한다.

정원이나 조경에서는 상황이 다르다. 이곳에서는 다양한 식물을 키우고 있어, 실험실은 각각의 식물에 대한 비료 권장량을 제공할 수 없다. 기껏해야 일반적인 권장량을 얻을 수 있다.

대부분 실험실에서는 매우 낮음, 낮음, 중간, 높음 및 매우 높음에 해당하는 값을 보여주는 범위 그래프와 숫자 결과를 제공한다. 중간 수준은 대부분 식물에 적합한 수준이다. 극단적인 수치는 결핍 또는 독성 수준을 나타낸다.

인(P)이 매우 높고 칼륨이 낮고, 다른 모든 영양소가 중간 수준인 예를 생각해보자. 실험실의 제안은 질산칼슘과 같은 합성비료의 형태로 더 많은 칼륨을 시비하는 것이다. 그러나 여러분은 퇴비, 두엄과 같은 유기농으로 가고 싶다. 이제 여러분은 인이 들어있지 않는 칼륨의 유기물을 찾아야 한다. 그러나 어렵다. 나뭇재는 한가지 대안이지만 구하기 어렵고 알칼리성이다. 퇴비와 두엄에는 너무 많은 P가 들어있다.

이것은 토양검사의 한계 중 하나이다. 권장량을 충족한 유기농 제품을 찾지 못할 수도 있지만, 정원에서 P를 줄이기 위해 노력을 해야 한다는 점을 알아야 한다.

수확량 극대화

수확량 극대화를 위해 토양검사와 비료 권장량에 관한 수많은 연구가 이루어졌다. 이것은 고도로 발달한 절차이다. 즉, 토양분석 실험실의 목표는 농부들에게 이윤을 극대화하기 위해 비료 사용량을 알려주는 것이다. 밭에 비료를 뿌리지 않았을 때는 어느 정도의 수확량을 거들 수 있지만, 시비하면 수확량은 늘어난다. 더 많이 시비하면 수확량은 더 많아진다. 그러나 어떤 시점부터는 수확량의 증가분이 정점에 도달하여 비료 비용이 수확량 증가의 예상 이익보다 더 많아진다.

토양검사를 통해 이익을 창출하는 최적의 지점을 파악하려고 한다. 이 과정은 농업과 특정 작물 재배에 매우 효과적이다. 그러나 여러 가지 작물을 재배하려고 할 때 이 시스템은 적절치 않다. 모든 식물이 각기 다른 비료가 있어야 하는 재배 조건에서는 효율적으로 비료를 줄 수 없다. 전체 밭에서 수익을 아예 내지 못할 수도 있는 평균 정도의 수치를 얻을 뿐이다.

다른 문제는 다양한 종류의 식물을 재배하고, 수확량이 근본적인 목표가 아닌 조경식물의 경우이다. 즉, 가문비나무를 5cm 더 키우기 위해 비료를 시비하는 것은 가치가 없다.

관상용 식물은 낮은 범위에서 중간 범위의 비료량에서 잘 자란다. 하지만 실험실에서는 수확량에 중점을 두기 때문에 중간 범위에서 높은 범위를 권장한다. 실제로 정원에 적합한 범위를 결정하는 검사 결과는 거의 없었다. 수확량을 대신해 건강한 식물에 초점을 맞춘 좋은 최소 수준은 없다.

토양 문제의 지표식물

특정 영양소 결핍은 특정 식물의 증상을 유발한다. 이 사실로 사람들은 식물을 살펴봄으로써 영양소 결핍을 확인할 수 있다고 결론을 내렸다. 하지만 같은 증상이 다른 결핍에서도 일어나므로 정확하지 않다. 예를 들어, 인(P) 결핍 증상은 실제로 질소 결핍일 수 있다. SNS의 정보와 개념도는 토양 결핍을 확인하는 데 사용할 수 없다.

잎맥간 황백화를 보이는 미국풍나무

질병, 환경적 조건, 곤충 및 살충제를 비롯한 여러 다른 요인이 영양 결핍처럼 보이는 증상을 유발할 수 있다. 철분이 부족하면 잎맥간 황백화interveinal chlorosis를 일으킬 수 있지만, 다음과 같은 조건에서도 모두 발생한다.

- 마그네슘 결핍
- 높은 pH
- 아연 결핍

- 제초제 피해
- 지나치게 젖은 토양
- 다져진 토양
- 나무의 몸통을 감싸는 뿌리
- 식물 경쟁
- 토양의 높은 유기물 함량
- 고염류
- 높은 수준의 인, 구리, 아연, 마그네슘

식물 증상은 가능한 영양소 결핍을 예측하는 도구이지만, 대부분의 경우 신뢰할 수 있는 것은 아니다. 토양과 식물은 너무 복잡하여 간단한 증상 목록으로 문제를 식별할 수 없다. 토양검사 또는 식물조직 분석만이 영양소 결핍을 정확하게 식별할 수 있다.

식물조직 분석

토양검사는 토양에 있는 영양소의 양을 측정하지만, 이런 영양소를 쓸 수 있는 식물의 능력에 대해서는 알려주지 않는다. 식물조직 분석이 유용할 수 있다. 이 방법은 더 전체적인 접근 방식이라서 영양 불균형, 독성, 영양소 흡수에 대한 pH의 영향, 수분 이용능력, 토양다짐, 미생물 활동 등 환경 조건과 같은 문제를 찾을 수 있다. 이 분석은 특정 토양 문제를 식별하지는 못하지만, 식물이 영양소를 섭취하는 능력에 문제가 있는지를 알려준다.

식물체의 영양소 수준은 식물 유형과 성숙 단계에 따라 다르다. 계절

초기에 분석된 식물조직 정보는 토양을 개량할 시간을 알려준다. 계절 후반의 시료는 작년의 생장 과정에 대한 정보를 제공하며, 계절 중반에는 취한 조치를 평가할 수 있다. 조사지역의 구역을 나눠 비교하는 것도 좋은 방법이다.

식물 시료를 채취하는 것은 토양시료보다 더 복잡하므로 실험실의 구체적인 지침을 따르는 것이 가장 좋다. 분석법과 식물 유형에 따라 생장 단계를 고려해 특정 조직을 수집해야 한다. 또 시료가 오염되지 않도록 절차를 따라야 한다.

DIY 검사키트

시장에는 다양한 검사키트와 계측기가 있다. 보통 저가 제품은 측정 데이터의 신뢰도가 떨어진다. 고급 제품은 더 유용하며, 토양분석 실험실 장비처럼 자주 토양을 검사할 수 있는 이점이 있다.

토양 pH는 전자계측기, 검사 스트립, 화학적 착색 염료 등 여러 방법으로 측정할 수 있다. 모든 방식이 토양과 물이나 완충액을 섞는다. 그런 다음 토양 혼합물을 검사한다.

pH 측정값은 로그척도(상용로그)라서 소수점이 하나 이상 표시되어야 한다. 대부분의 DIY 검사키트는 이 사양을 충족하지 못한다.

화학적 착색 염료

착색 염료는 토양-수분 혼합물과 결합하면 색조가 변한다. 제공된 색상 차트와 비교하여 pH 수준을 결정한다. 이 검사는 보통 정수整數로 측정되며, 일부 키트는 추측 수준의 결과를 보여준다. 이 키트는 거의 쓸

모가 없다.

pH 검사 스트립

pH 검사 스트립은 리트머스 종이의 고급 버전이며, 많은 사람이 여전히 이것을 잘못 부르고 있다. 보통의 리트머스 종이는 토양 pH를 측정하는 데 부정확하고 쓸모가 없다. 검사 스트립은 각 스트립에 여러 색상 반점이 있어 더 정확하다. 이것으로 합리적인 결과를 얻으려면 최소 3개의 색 반점과 5~10의 pH 범위에 있어야 한다. 이러한 사양에도 불구하고 pH의 소수점까지 더 정확하게 측정하기는 여전히 어렵다. 저렴하고 사용하기 쉬우므로 주로 현장 검사에 쓰인다.

pH 전자계측기

다양한 정원용 pH 전자계측기가 있다. 대부분 함께 제공되는 탐침(프로브)을 토양-수분혼합물에 삽입해 디스플레이에서 pH값을 직접 읽을 수 있다.

저렴한 모델에는 금속 탐침이 딸려 있어 토양에 직접 삽입해 측정할 수 있다. 이것은 더 편리하지만, 위에서 설명한 것처럼 토양-수분혼합물을 먼저 만들지 않고서는 정확한 값을 얻을 수 없다. 그런데도 저렴한 모델은 대략적인 측정값만 제공한다. 품질이 더 나은 전자계측기는 유리 또는 플라스틱 탐침을 통해 정확하게 pH값을 측정한다. 실험실용은 0.1 단위까지 pH가 측정된다.

DIY pH 검사의 한계

DIY 검사키트는 정확도가 떨어져 pH를 교정하려고 할 때 문제가 된다. 정확한 값이 없으면 혼합할 개량재의 양을 추측해야 한다. 가장 좋은 방법은 상업용 실험실을 이용하거나 적절한 유리 탐침이 달린 실험실용 pH 측정기를 구매하는 것이다. 이것은 표준 교정액을 써서 pH값을 바로잡아 정확한 측정값을 얻을 수 있다.

영양소 검사

가든 센터에서 질소, 인, 칼륨 검사용 키트를 판매한다. 이 키트는 정확하지 않으며, 각 영양소에 대한 실제 값을 제공하지 않는다. 대신 낮음, 중간, 높음과 같은 대략적인 범위 값을 제공한다. 수치가 없으면 목표치에 도달하는 데 필요한 적정량의 비료를 계산할 수 없다.

더 정확한 값을 얻으려면 현장에서 유용한 농업용 색도계나 품질이 좋은 시약을 사용해야 한다. 질소를 제외하고 영양소 수준은 빠르게 변하지 않으며, 대부분 경우 연간 측정이 적당하다. 영양소 검사는 토양분석 실험실을 이용하는 것이 더 나은 선택이다.

토성 결정

토성을 결정하는 방법에는 야외조사법, 항아리법, 실험실 검사 등 3가지 선택이 있다. 처음 2가지를 써서 누구나 쉽게 합리적인 값을 얻을 수 있다. 실험실 검사는 더 정확하지만, 토성은 크게 변하지 않아서 정확도는 그다지 중요하지 않다. 대략적인 토성을 아는 것이 더 유용하며, 잠재적인 토양 문제를 이해하는 데 도움이 될 것이다.

우선 토양시료를 채취하기 전에 멀치, 암석 및 큰 뿌리를 제거해야 한다.

야외조사법

야외조사법의 시작은 촉감 감별이다. 손가락 사이에 축축한 토양을 문지른다. 모래는 껄끄럽게 느껴지고, 미사는 부드럽다. 그리고 점토는 끈적거린다. 이를 통해 대강의 기준을 잡을 수 있다. 다음은 볼 스퀴즈 검사ball squeeze test이다. 축축한 토양을 가져다가 볼을 만들어보자. 사질토, 사양토와 같이 거친 토양은 쉽게 부서져서 볼을 만들기 힘들다. 식질토, 식양토와 같이 미세한 토성은 부서지지 않아 볼 모양으로 쉽게 만들 수 있다. 미사질 양토는 이 사이의 중간 정도의 특성을 가진다.

리본 검사는 훨씬 더 정확하지만, 감각을 얻으려면 약간의 연습이 필요하다. 한 손의 엄지손가락과 손가락 사이에 축축한 토양 덩어리를 집는다. 토양에서 하나의 긴 리본을 만들 수 있는지 확인한다. 사질토는 리본이 만들어지지 않고 쉽게 끊어진다. 길이 5cm 이상의 리본을 만들 수 있다면 토양에 20% 이상의 점토가 있다는 것이다. 리본이 짧을수록 미사가 많거나 점토가 적다는 것을 의미한다.

투명용기법

토양시료를 채취하여 투명한 유리병(또는 투명 플라스틱병)에 담는다. 유리병 3/4 정도 물을 가득 채우고 1티스푼(5ml)의 붕사 또는 식탁용 소금을 넣는다.

유리병을 잘 흔든 다음 내려놓는다. 모래는 처음 1분 동안에 가라앉는다. 그 시점에서 이 레벨의 높이를 표시한다. 1시간 동안 기다렸다가 미사가 가라앉은 곳에 표시한다.

24시간 동안 기다렸다가 점토가 침전된 곳에 마지막 표시를 한다. 아주 미세한 점토는 가라앉는 데 48시간을 기다려야 한다. 눈금자를 사용하여 각 표시의 높이를 측정하고, 모래, 미사, 점토의 길이를 백분율 값으로 변환한다. 이제 토양 삼각도(22쪽 참조)에서 값을 찾아 토성을 결정한다.

토양피각

단단하게 굳어진 토양피각이 지표면 바로 아래에 생기면 여러 가지 문제가 생긴다. 이 토양피각은 화학적, 생물학적 또는 물리적 조건의 결과일 수 있다.

정상적인 조건에서 빗물이나 관개는 토양에 떨어져 천천히 스며든다. 아래로 내려가면서 물은 뿌리가 자라는 영역에서 염류를 운반하여 제거한다. 그 반대의 경우가 발생하면 화학적 피각이 생긴다. 뜨겁고 건조한 조건에서 지표면의 증발 속도가 물이 스며드는 속도보다 높다. 이 조건에선 염류의 움직임이 역전되어 천천히 토양 표면으로 이동한다. 물이 증발하면 찻주전자에 잔여물이 남듯 염류피각이 생긴다. 이러한 화학적 피각은 높은 염류 농도로 인해 종자 발아에 문제가 될 수 있다.

생물학적 피각은 건조나 반건조 지역에 주로 존재하는 지의류, 남조류, 조류, 이끼와 같이 지표면에서 자라는 생물체에 의해 만들어진다. 조류藻類 또한 며칠 동안 고이는 물웅덩이에서 피각을 만든다. 생물학적 피각은 탄소·질소 고정 등 생태학적 중요한 역할을 하며 토양 침식을 방지하는 데 도움이 된다. 이것은 또한 토양에 영양소를 공급하거나, 종자 발아를 방해할 수 있다. 형성 방식에 따라 수분 침투를 늘리거나 줄인다.

토양검사: 토양피각

피각을 확인하려면 토양 표면을 살펴보라. 표면이 불규칙한가 아니면 평평한 시트처럼 보이는가? 평탄 정도는 피각의 가능성을 나타낸다. 손가락이나 흙손으로 피각의 표면 일부를 쉽게 들 수 있다. 피각은 여러 조각으로 부서지고, 작은 조각을 집을 수 있다. 피각의 딱딱함이나 두께는 토양 문제의 심각성을 아는 데 도움이 된다. 두껍고 단단한 피각은 커다란 토양 문제를 일으킬 수 있다.

생물학적 피각은 통상 녹색 또는 녹색-파랑이고, 화학적 피각은 염류 껍질로 흰색 또는 황갈색이다.

가장 일반적인 형태는 물리적 피각인데 빗물이나 관개로 토양의 지표층에 토양 덩어리가 깨져 토양입자가 분리된다. 미세한 미사 및 점토 입자가 물 위로 떠올라와 건조해지면 서로 뭉쳐 단단한 피각을 만들다. 딱딱한 정도는 다른 토양 특성과 빗물 등의 물방울 크기에 따라 달라진다.

다양한 범위의 입자 크기를 가졌거나 다량의 미세 입자로 구성되고 떼알(응집)이 약한 토양은 피각이 만들어질 가능성이 더 크다. 나트륨 수치가 높으면 떼알이 약해져 문제가 더 악화한다. 이 피각은 수분 침투를 줄이거나 막아, 지표면으로 더 많은 유출수를 흐르게 한다. 이 유출수는 미세한 토양입자를 이동시켜 피각이 만들어지기 쉬운 저지대에 쌓인다. 묘목은 딱딱한 피각을 통과하는 데 어려움을 겪고, 토양과 공기 사이의 가스 흐름을 줄여 뿌리 호흡을 방해한다(통기성 악화). 물리적 피각을 제거하는 것은 간단하다. 이것보다 빗물 등이 토양 표면에 직접 부딪히지 않도록 막고, 많은 유기물을 섞어서 강력한 떼알구조를 형성하고, 떼알을 깨트리는 행위를 줄이는 것이 중요하다.

미생물 정량화

토양건강은 토양의 미생물 수와 직접적인 관련이 있으며, 토양건강 개선은 미생물 수를 늘리는 것이다. 하지만 한 가지 문제가 있다. 정원사는 미생물 수를 어떻게 셀까?

일부 사람들은 현미경을 써서 미생물을 검사하고 세는 아이디어를 홍보한다. 그들은 심지어 이를 위한 방법과 장비를 판다. 이것은 재미있는 도전일 수 있지만, 토양을 이해하는 데 별로 유용하지 않다. 이 전공 과학자들은 이를 수행하는 데 어려움을 겪고 있으며, 대부분의 미생물 수를 확인하지 못한다. 아마추어가 이런 일을 할 가능성이 얼마나 될까.

토양에는 다양한 생물들이 존재하며, 이 개체군은 끊임없이 변화하여 정량화하기 어렵다. 일부 실험실에서는 토양 미생물 검사를 제공하지만, 정원사에게는 유용한 정보를 제공하지 않는다.

정원사가 미생물을 정량화하는 쉬운 직접적인 방법은 없지만, 일부 간접적인 방법으로 이를 할 수 있다. 많은 토양에 사는 지렁이는 미생물 개체군의 다양성을 나타내는 좋은 지표인데 미생물은 지렁이의 주된 먹이이기 때문이다. 미생물 수를 늘리면 지렁이 개체수가 늘어날 것이다.

면속옷 토양검사tighty whitie는 재미있게 미생물을 간접적으로 측정하는 방법이다. 미생물은 식물성 면섬유를 먹는다. 미생물이 면섬유를 소비할 수 있는 속도는 미생물 개체군의 대략적인 척도이다.

미생물이 증식함에 따라 인간과 마찬가지로 산소를 소모하고 이산화탄소(CO_2)를 방출한다. 생산되는 CO_2의 양은 대사 활동의 직접적인 척도가 된다. 토양호흡은 인증된 실험실이나 DIY 솔비타Solvita 검사키트로 측정할 수 있다.

토양검사: 면속옷 토양검사(tighty whitie)

흰색 면속옷을 가져다가 무게를 달고 정원에 파묻는다. 실크 팬티는 이 검사에 적합하지 않다. 티팬티는 사용하지 마라. 티팬티는 정확한 무게를 측정할 수 있을 만큼 충분한 유기물을 제공하지 않는다.

5주 후에 속옷을 꺼내서 무게를 잰다. 미생물이 얼마나 많은 면속옷의 섬유를 소비했을까? 대부분이 아직 그대로 남아 있다면 토양이 건강하지 않으므로 퇴비를 뿌려야 한다. 고무줄을 제외하고 모두 없어졌다면 토양은 최상의 상태이다.

토양검사: 토양호흡

야외용 솔비타(Solvita) 토양호흡 검사키트의 지침에 따라 신선한 토양 시료를 채취한다. 탐침봉(젤 프로브)을 삽입하고 제공된 병을 밀봉한다. 20~24℃에서 24시간 동안 직사광선을 피해 배양하고 탐침봉에서 제공한 색상 지수와 비교한다.

떼알구조 또한 미생물의 존재에 크게 의존한다. 떼알구조를 만드는데 미생물이 필수적이며, 미생물 개체가 감소하면 떼알이 깨지기 시작한다. 떼알 정도는 미생물 활동의 간접 지표이다. 그러나 떼알 생성은 오랜 시간이 소요되므로 단기적 미생물 변화에 대한 정보는 주지 않는다.

유기물의 수준은 미생물 활동의 간접 지표가 된다. 토양에 생유기물이 있으면 미생물이 발견되고, 더 많다면 더 많은 미생물을 갖게 된다.

유기물 수준

토양에 있는 유기물량은 워클리-블랙법Walkley-Black method과 건식연소법 중 하나를 써서 실험실에서 측정할 수 있다. 전자는 유기물이 2% 미만인 토양에서 더 정확하지만, 유독성 화학물질(중크롬산칼륨, 황산)을 사용하므로 많은 실험실에서 사용을 중단했다. 건식연소법은 토양의 유기물을 연소시켜 유기물량을 측정하므로 친환경적이고, 유기물이 6% 이상인 토양에 더 적합하다.

이 두 분석법은 다른 결과를 보여준다. 워클리-블랙법으로는 3%의 유기물량이지만, 건식연소법으로는 4.5% 측정값을 얻는다. 실험실은 2가지 분석법의 결과를 상관계수를 써서 보정한다. 2곳 이상의 실험실을 이용할 시에는 어떤 분석법과 상관계수를 사용하는지 확인이 필요하다. 유기물 수준은 다른 토양 분석항목을 살펴봄으로써 추정할 수도 있다. 높은 CEC는 높은 수준의 유기물을 나타낸다. 용적밀도가 높은 토양은 유기물이 낮은 경향을 보인다.

토양다짐

토양이 눌러져 다져지면, 공극이 줄어들고 토양밀도(용적밀도)가 높아진다. 이는 공기와 수분 모두 들어갈 수 있는 공간을 줄인다. 고운 토양은 거친 토양보다 다져지기 쉽고, 젖으면 다짐에 훨씬 더 취약하다.

용적밀도라고 하는 토양 특성은 공극의 부피가 감소함에 따라 증가하므로 토양다짐의 척도이다. 야외에서 토양이 다져진 곳은 토양공극이 적어져 물이 빠져나가지 못해 물웅덩이가 생긴다. 다져진 토양은 파기가 어렵고, 토양을 뒤집으면 깨지지 않고 큰 흙덩어리를 형성하는 경향이 있다. 이 토양은 밟거나 중장비가 지나가도 흔적을 남기지 않는다. 또 새싹이 나서 자라기가 어렵고 뿌리뻗음이 좋지 않아 식물의 왜성화를 초래한다. 극단적일 때는 산소공급이 부족해져 토양이 혐기성 상태가 되어 달걀 썩은 냄새가 나는 가스가 생성된다.

토양다짐은 관입저항계*를 사용하여 현장에서 직접 측정할 수 있다. 이 측정장치는 토양에 밀어 넣으면서 침투하는 데 필요한 힘을 측정한다. 식물 뿌리가 토양을 뚫고 가는 것을 흉내 낸 것이다. 약 40cm 정도 깊이까지 토양다짐을 측정할 수 있다.

토양검사: 토양다짐

간단한 와이어를 써서 토양다짐의 상대적인 측정값을 얻을 수 있다. 와이어 옷걸이 등의 철사 와이어를 토양에 구부러질 때까지 밀어 넣는다. 깊이 30cm 이상 들어가면 뿌리가 자라기에 좋은 토양이라고 할 수 있다. 자갈이 많은 토양은 와이어의 침투를 막기 때문에 잘못된 결과를 줄 수 있다.

뿌리는 최대 약 300psi(약 20기압)의 압력으로 토양에 침투할 수 있다. 이 이상의 딱딱한 토양을 만나면 뿌리는 더는 아래로 자라지 못하고 옆으로 가기 시작한다. 성숙한 식물의 뿌리 형태를 보면 경반층이 있는지를 알 수 있다.

용적밀도와 공극분포에 관한 실험실 검사로 다짐 정도를 알 수 있다. 토양은 다양한 용적밀도를 가지고 있어, 토양다짐이 우려되는 곳의 토양을 인위적 간섭이 없는 토양과 서로 비교하는 것이 바람직하다.

토양다짐은 토양에 압축을 가한 결과이다. 이런 다짐은 떼알을 깨트리고 대공극을 붕괴시켜 토양의 공기가 줄어든다. 토양에 다음과 같은

* 관입 저항을 측정하는 토양경도계

영향을 준다.

- 공기 교환이 줄어들어 산소 저하와 이산화탄소 증가
- 투수성 감소
- 지표면 유출수 증가로 인해 토양 침식 증가
- 뿌리가 이용 가능한 유효수분 감소
- 뿌리 생장의 제한

정기적인 경작과 중장비 사용은 토양다짐을 늘린다. 매년 경운耕耘 처리하면 토양다짐은 줄일 수 있지만 경운층 아래에 경반층이 형성될 수 있다.

경반층

토양 표면 아래에 있는 딱딱하게 굳은 토양층으로 정의되는 경반층hardpan은 물의 흐름과 이동을 방해하고, 뿌리 생장을 제한하므로 문제가 된다. 경반층은 경운으로 아래에 만들어진 토층을 말한다. 점토반층* 또는 이쇄반층**은 심토가 단단하게 굳어진 점토층으로 구성된 자연적인 형태이다. 난쇄반층duripan은 규산, 철, 망간, 알루미늄 등의 물질이 화학적 작용을 받아 서로 단단하게 굳은 층이다.

천연 경반층이 존재하는 이유를 이해하면 쉽게 처리할 수 있다. 이런 지역 상황을 더 잘 이해하기 위해서는 일부 전문 검사 또는 지역 농업기

---

* 점토반층(claypan)은 점토가 집적하여 고결된 토양층을 말한다.

** 이쇄반층(fragipan)은 토양생성과정을 통하여 만들어진 2차적 생성물로서 물의 흐름과 뿌리 침투를 제한하는 토양층을 의미한다.

관에 문의하면 된다.

경반층은 경운 횟수를 줄이고 경운 깊이를 다양하게 하여 줄일 수 있다. 깊은 경운으로 경반층을 깨트릴 수 있지만, 추가 조치를 하지 않으면 다시 문제가 발생할 수 있다.

토양검사: 경반층

토양다짐 측정과 같은 검사로 경반층도 찾을 수 있다. 사실 와이어 검사로는 다짐인지 경반층인지 확인하기가 어렵다.

삽이나 흙손으로 천천히 구멍을 파도 된다. 딱딱한 층에 도달하게 된다면 경반층이거나 돌이 많은 영역에 도달한 것이다. 내 정원 토양에는 땅을 파기가 어려울 정도로 자갈이 많은 토층이 20~25cm나 존재한다. 모래와 자갈이 섞인 토층은 파기가 어려울 수 있지만, 경반층이 아니며 보통 배수가 잘된다.

폭이 넓은 브로드 포크삽broadfork은 딱딱한 경반층을 깨트리기 위해 고안된 수동 도구이지만, 그 깊이는 그리 깊지 않다. 유기질 토양개량재를 섞는 것도 도움이 될 수 있다. 어떤 경우에는 석고가 경반층의 미세한 점토 입자를 풀어주는 데 효과가 있을 수 있다. 이를 수행하기 전에 전문가의 조언을 받는 것이 가장 바람직하다.

배수

배수drainage는 물이 토양의 표면 또는 지하로 빠져나가는 속도를 나타내는 일반적인 용어다. 많은 정원사가 이 용어를 써서 물이 토양을 통해 이동하는 속도를 나타내지만, 실제로는 유출runoff, 침투infiltration, 투수percolation라는 것과 다른 과정이다.

배수 문제를 식별하는 가장 좋은 방법은 폭우가 내리는 동안과 이후를 관찰하는 것이다. 폭우가 올 때 지표면에서 빗물의 유출을 볼 수 있다. 24시간 후 물이 고여 있으면 배수에 문제가 있음을 보여준다.

유출

유출runoff은 축적된 물이 지표면을 따라 흐르고 그 구역을 떠나는 과정이다. 이는 평평하지 않은 비탈면 토양에서 가장 자주 발생하며, 이러한 물은 더는 흐를 수 없는 낮은 곳에 고이는 경향이 있다. 이는 토양의 특성보다 지형과 더 관련이 깊지만, 토양의 피각과 다짐은 유출을 증폭한다.

과도한 유출은 몇 가지 유익한 영향을 미칠 수 있다. 강우량이 많은 지역에서는 대부분의 빗물은 정원 밖으로 빼내는 것이 유리할 수 있다. 그런데 한 가지 문제는 빠르게 움직이는 빗물이 표면의 토양입자와 함께 이동하여 지표면의 침식을 늘린다는 점이다. 또한 낮은 곳에 이동하여 쌓인 미세입자가 딱딱하게 굳어져 피각을 형성하는 경향이 있다.

건조한 지역에서 유출수는 귀중한 자원의 낭비이며, 정원에 빗물을 유지하기 위해 모든 노력을 기울여야 한다. 실제 빗물을 정원으로 향하도록 지형을 정비하는 것을 고려할 수 있다.

다음과 같은 여러 가지 방법으로 빗물의 유출을 줄이거나 제거할 수 있다.

- 지표면 지형 정비
- 멀칭으로 토양 침식을 줄이거나 물의 흐름을 늦춘다.
- 지피식물을 키운다.
- 저습지를 만들어 빗물을 건조한 지역으로 보낸다.

- 경사진 테라스(정원의 일부를 높게 쌓아 올린 대지)
- 물흐름을 가로지르는 돌담을 쌓아서 속도를 늦춘다.
- 침투 및 투수를 향상한다.

침투

침투infiltration는 물이 표면에서 토양 속으로 스며드는 과정이며 지표면 특성에 큰 영향을 받는다. 딱딱한 층은 지표면에 장벽을 형성해 물의 이동을 어렵게 하여 눈에 띄게 침투가 감소한다. 사질토의 큰 공극은 침투율을 증가하고 반대로 식질토는 감소한다. 떼알은 매우 큰 공극을 생성하여 침투를 늘린다.

토양다짐은 침투 속도를 감소시키므로 다짐을 방지하거나 개선하기 위한 모든 것은 침투를 개선한다.

투수

투수percolation는 침투와 비슷한 용어지만 물이 토양으로 들어간 후 물의 이동과 더 관련이 있다. 즉, 물이 어떻게 빠르게 토양을 이동하는가를 측정하는 것이다.

높은 투수율은 물이 빠르게 이동한다는 것을 나타내며 큰 공극이 많이 있기 때문이다.

토양검사: 투수 검사

너비와 깊이가 30cm인 구멍을 판다. 물을 가득 채워 토양이 포화하도록 하여 밤새도록 둔다. 구멍에 다시 물을 채운다. 줄자나 눈금자를 써서 구멍에서 물이 빠질 때까지 매시간 수위 수준을 측정한다. 배수가 빠른 사질토에서는 더 자주 측정해야 할 수도 있다. 평균 시간당 배수 속도를 계산한다.

시간당 2.5~7.5cm의 배수 속도가 적절한 범위이다. 2.5cm 미만의 값은 너무 느린 배수를 나타내고, 7.6cm보다 큰 값은 너무 빠르다는 것을 나타낸다. 구멍에서 물이 빠지지 않거나 수위가 상승하면 지하수 수위가 높다는 것을 보여준다.

투수는 떼알을 늘리고 다짐을 줄여 큰 공극이 늘어나면 개선된다. 핵심은 토양의 공기량을 늘려, 물이 이곳을 통과하도록 하는 것이다. 경반층이 특히 지표면 가까운 곳에 있으면 배수를 악화시킨다.

제10장

토양 관리 기술

대부분 정원사는 정원 관리 기술을 유경험자의 조언을 따르면서 배운다. 좋은 방법이지만, 불행히도 정원 기술에 대한 조언은 토양에 미치는 영향을 거의 설명하지 않는다. 잡초를 제거하기 위해 토양을 경운하고, 토양수분을 유지하기 위해 멀칭하고, 채소 작물을 매년 번갈아 심고, 그리고 여러 작물을 혼식하는 등 단지 몇 가지 기술일 뿐이다. 그것들은 모두 목적이 있지만, 토양 건강에 어떤 영향을 미칠까? 이를 이해해야 정원 기술을 계속 지속할지 아니면 관리 방식을 바꿀지를 결정할 수 있다. 누군가가 좋은 아이디어라고 해서 무심코 정원에 적용하지 마라. 식물의 생장에 어떤 영향을 미치는지 알고 있을 때 실행해야 한다.

경운(땅갈이)

오랜 전통으로 봄에 땅을 가는 방식은 회전식 갈아엎기, 파서 뒤집기, 브로드 포크삽broad fork 파기 등 다양하다. 알려진 이점으로는 토양공극을 늘리고 잡초를 제거하며, 토양을 개량할 수 있다는 점이다. 전통적인 경운 방식에서 벗어나 무경운 방식을 채택한다는 것이 흥미로운 점이지만, 대부분의 주택 정원과 소규모 농원은 여전히 경운에 의존하고 있다. 많은 사람이 무경운에 대해 잘 모르고 있다.

경운은 일시적으로 토양을 느슨하게 하지만, 이는 장기적으로 다음과 같은 문제로 이어진다. 토양 떼알을 깨트려서 토양피각과 다짐을 유발한다. 경운과 같은 토양 교란은 또한 미생물에 직접적인 영향을 미친다. 지렁이와 같은 큰 토양동물이 죽고 곰팡이 균사가 잘린다. 이것은 과학적으로 분명한 사실이다. 경운은 토양에 좋지 않다. 쟁기질은 토양을 느슨하고 더 부드럽게 하는 방법이며, 올바르게 수행하면 실제 일부 토양에서 큰 떼알을 늘릴 수 있다.

토양 경운은 토양의 최상층에 더 많은 공기를 공급하여, 미생물 활동을 촉진해 유기물의 빠른 분해를 초래한다. 이것이 전통 농경지에 유기물 수준이 낮은 주된 까닭 중 하나이다. 경운은 새로운 유기물 공급보다 손실이 더 클 정도로 분해 속도를 높인다. 또 장기적으로 떼알구조를 깨트리고 미생물 활동을 방해한다.

무경운 경작지와 경운 경작지에서 이용 가능한 질소량 차이가 극적일 수 있다. 더 많은 유기물 비축량으로 인해 무경운 경작지는 최대 5배까지 식물에 질소를 공급할 수 있다. 경운은 또한 식물이 이용 가능한 질소의 형태로 바꾼다. 경운으로 산소량이 많아지면 암모늄 양이온(NH_4^+)

이 질산염 음이온(NO_3^-)으로 더 쉽게 전환된다. 질산염은 음전하를 띠므로 암모늄보다 토양입자나 부식질에 잘 달라붙지 않아서 빗물에 씻겨 나갈 가능성이 더 크다.

경운으로 인한 잡초 감소는 단기적인 효과이다. 토양 속에는 매토종자*라고 알려진 막대한 양의 씨앗이 들어있다. 이 씨앗은 빛이 부족하기에 휴면 상태에 들어가 있지만, 경운은 잡초 종자를 표면으로 노출해 발아를 촉진할 수 있다. 경운이 자라는 잡초 일부를 줄이는 것은 사실이지만, 토양 속의 새로운 잡초가 자라기에 이상적인 조건을 만들어주기도 한다. 경운은 뿌리줄기를 더 작은 조각으로 잘라서 다년생 잡초의 개체수를 늘릴 수도 있다.

과거부터 이중 땅갈이double digging는 특히 새롭게 정원 가꾸기를 시작할 때 인기가 있었다. 표층토를 일자형으로 길쭉하게 제거한다. 그런 다음 아래의 심토를 갈아엎어 느슨하게 한 다음 유기물을 뿌려 섞는다. 옆으로 이동해 표층토를 심토 위에 덮어 채운다. 이를 반복하여, 두 층의 토양을 느슨하게 일체화하고 유기물을 첨가하여 토양 물리성을 개선한다.

이 방법은 위에서 언급한 모든 문제를 안고 있다. 불량한 토양 상태에는 바람직할 수 있지만, 대부분 토양에서 이용해서는 안 된다. 결론은 가능한 한 토양을 교란하지 말아야 한다는 점이다.

---

* 휴면 상태로 토양 속에 저장된 씨앗

토지 작업

토양에 가해지는 압력이 다짐을 유발한다. 보행자나 주행장비 등이 이것에 해당한다. 이러한 모든 활동을 최소로 줄여야 한다. 젖은 토양이나 식질토는 다져지기 더 쉽다. 틀밭(상자텃밭)의 장점 중 하나는 보행자가 통로로 다니고 머무르도록 해서 토양다짐이 거의 없다는 점이다.

다음과 같은 방법으로 토양다짐을 줄일 수 있다.

- 타이어 공기압을 낮춘다.
- 장비의 무게를 분산하기 위해 더 큰 타이어를 사용한다.
- 매년 같은 통로로만 다닌다.
- 적절한 타이어 공기압을 유지한다.
- 작업을 수행할 수 있는 가장 가벼운 장비를 쓴다.
- 작업을 한꺼번에 해서 이동 횟수를 최소화한다.

멀칭

지표면에 특정물질을 덮는 멀치*는 토양수분을 유지하고 잡초를 억제하며, 급격한 토양온도 변화를 막는다. 어떤 사람들은 멀치가 정원 경관을 더 좋아 보이게 한다고 느낀다. 멀치 재료로 유기물 또는 무기물을 쓸 수 있는데 유기물은 분해되면서 토양을 개선하는 추가 보너스가 있다. 무기 재료의 장점은 그 효과가 상당히 지속된다는 점이다.

* 멀치(mulch)는 지표면을 덮어주는 재료나 그 층을 말하며, 멀칭(mulching)은 그 행위를 말한다.

멀치의 이점

멀치는 지표면의 증발 속도를 줄여 토양 전체의 수분을 유지할 수 있어 관개 횟수가 줄어든다. 이로 인해 식물 뿌리에 지속해서 물이 공급되고 미생물 개체군의 교란이 적어진다.

식물 뿌리는 온화한 조건에서 잘 자란다. 너무 뜨거우면 새로운 뿌리의 생장이 멈추고 영양소 흡수가 줄어든다. 멀치는 토양 표면을 온화하게 유지하여 계절 내내 뿌리가 자랄 수 있도록 한다.

대부분의 일년생 잡초는 토양 표면 근처의 빛에 노출될 때 매토종자에서 발아한다. 멀치는 빛을 차단하여 이들의 매토종자 발아를 막는다. 새롭게 공급된 씨앗은 땅속으로 들어가지 못하고 멀치와 함께 저지대로 빗물에 씻겨 내려가는 경향이 있다.

여기에는 또 다른 과정이 있다. 많은 멀치 재료는 탄질비(C/N율)가 높아, 미생물이 이것을 분해하려면 토양 속의 질소를 가져와야 한다. 이는 잡초 씨앗이 싹을 틔우려는 시점에 낮은 영양 수준을 만든다. 간접적으로 미생물은 잡초 새싹을 굶주리도록 도와준다.

식물은 멀치 아래에서 더 잘 자란다. 멀칭 후에 수목 생장을 조사한 연구에서 수목 중량이 멀치가 없는 수목 재배지보다 170%나 더 많다는 것을 밝혔다. 이는 앞에서 언급한 이점뿐만 아니라 분해된 유기질 멀치가 영양소를 추가로 제공하기 때문이다.

멀치가 토양에 미치는 영향

유기질 멀치가 분해됨에 따라 토양에 중대한 영향을 미친다. 토양에 대한 비료, 퇴비 및 목재칩의 영향을 비교한 5년간의 연구에서 목재칩 멀치는 토양의 유기물을 늘리고, 토양다짐 감소, 미생물 활성화로 토양 영양소 수준을 높였다. 이러한 변화는 떼알 형성과 식물 생장으로 이어진다.

멀치는 또한 토양피각을 줄이고 빗물 침투를 늘려 유출을 줄인다. 빗방울이 직접적으로 토양 표면에 닿지 않아 피각 발생 문제를 해결한다. 더불어 빗물이 쉽게 토양 표면에 더 천천히 스며들게 한다.

비료, 멀치가 토양에 미친 영향 조사 결과 (플러스(+)가 더 많을수록 효과가 더 커짐)

조사항목	비료	퇴비	목재칩
용적밀도	더 낮음 (+)	더 낮음 (++)	더 낮음 (++)
수분	같음	더 높음 (+)	더 높음 (++)
유기물	같음	더 높음 (++)	더 높음 (+)
호흡	더 높음 (+)	더 높음 (++)	더 높음 (++)
pH	같음	더 높음 (++)	더 높음 (+)
질소	같음	더 높음 (++)	더 높음 (+)
인	더 높음 (+)	더 높음 (+++)	더 높음 (+)
칼륨	같음	더 높음 (+++)	더 높음 (++)

출처: GardenMyths.com, Bryant C. Sharenbroch 및 Gary W. Watson 데이터 기반

퇴비

퇴비는 많은 영양소를 제공하는 아주 좋은 멀치 재료이며, 토양의 질을 향상하는 데 효과적이다. 보통 약 3cm로 얇게 깔기 때문에 잡초 생장을 줄이는 데 좋지 않다. 퇴비를 뿌려 뒤집는 것보다 지표면에 덮는 멀치 재료로 사용하는 것이 더 효과적이다.

목재칩

목재칩은 토양의 교란을 방지하여 조경 분야에서 많이 쓰는 우수한 멀치 재료이다. 채소 재배에도 사용할 수 있지만, 일시적인 질소 결핍을 유발할 수 있어 목재칩이 토양에 묻히지 않도록 주의한다. 이것을 추운 지방의 채소밭에서 사용한다면 늦가을에 멀치를 덮어 봄에 토양이 따뜻해지도록 하여 채소를 심을 준비를 한다. 식물의 높이가 몇 cm로 자라면 멀치를 더 추가한다. 목재칩의 장점 중 하나는 3년 또는 4년마다 가끔 더 뿌리면 된다는 점이다.

토양의 오해와 진실: 퇴비가 너무 많다는 것은 없다.

퇴비는 유기물이며 정원에 천천히 영양소를 공급한다. 사람들은 정원에 시비효과가 좋으므로 퇴비가 많을수록 좋다고 생각하지만, 사실이 아니다.
문제는 식물이 쓰는 영양소에 비해 퇴비의 영양소 비율이 다르다는 점이다. 식물은 약 7-1-6의 비율로 NPK(질소:인:칼륨)를 이용한다. 식물은 P보다 7배 많은 N을 흡수하여 쓴다. 퇴비는 보통 1-1-1의 NPK 비율로 각 영양소의 양이 같다. 퇴비만으로 식물에 정확한 양의 P를 공급한다면 질소가 부족해진다. 식물에 질소가 충분하도록 더 많이 퇴비를 시비하면 지나치게 많은 인이 공급되는데 이것이 사람들이 저지르는 실수이다. 몇 년 후 높은 P 함량으로 인해 토양 독성이 생긴다. 소량의 퇴비 시비가 정원에 좋으며, 독성 피해를 피할 수 있다.

건초와 짚

건초와 짚은 채소밭의 훌륭한 멀치 재료이다. 잡초를 막을 수 있을 만큼 두껍게 덮으면서 토양의 공기 순환에 효과가 있으며, 토양 매개 질병이 식물에 튀는 것을 막는 데 좋다.

건초는 비료 성분이 높은 경향이 있지만, 많은 씨앗이 들어가 있을 수도 있다. 짚은 곡물을 수확한 후 남은 부산물로 잡초 종자가 적고 비료분이 낮지만, 오래 가는 경향이 있다. 두껍게 깔아도 채소 씨앗 발아와 생장에 문제가 되지 않는다. 이것을 다시 깔아주는 데 한 2년 정도 걸린다. 채소밭에 가장 적합한 선택이다.

식물쓰레기

식물쓰레기는 낙엽, 잡초, 죽은 식물체 등을 말한다. 코코아 껍질이나 커피 찌꺼기와 같은 지역 산업의 부산물일 수도 있다. 이것들은 퇴비로 만들 수 있지만, 자연에서 퇴비화하는 멀치 재료로도 쓸 수 있다. 여기서 핵심은 장거리 운송이 아니라 지역의 부산물을 이용하는 것이다.

종이제품

신문과 골판지는 멀치 재료로 인기 있는 품목이 되었다. 정원에서 재활용할 수 있는 폐기물이다. 의도는 좋게 들리지만, 빗물과 공기가 식물 뿌리에 도달하는 것을 막고 영양소가 거의 없어서 좋은 선택이 아니다.

비닐

검은색 또는 투명 비닐은 채소밭에서 인기가 있다. 이것은 잡초의 왕성한 생장을 확실히 제어하지만, 토양온도를 지나치게 올려 나중에는 식물에 좋지 않다. 그것을 쓸때에는 식물에 물을 줄 수 있도록 관개시설을 설치해야 한다.

비닐 멀칭은 인기 있는 농업 관행이 되었다. 토양에 장기적인 이점이 없으며, 비닐 폐기물로 토양 오염 문제를 초래한다. 제초에 시간을 아낄 수 있지만, 소규모 정원에서는 생태학적으로 좋은 선택이 아니다.

방초매트

방초매트(제초매트)는 공기와 물이 통과하는 미세한 구멍이 있는 검은색 플라스틱 시트이다. 이것은 빗물 일부가 스며들지만, 그 위에 떨어지는 물의 대부분은 표면을 따라 흘러간다. 방초매트는 보기에 흉해서 보통 그 위에 다시 멀치를 하기도 한다.

아름다운 정원 경관을 조성한다면 이것을 쓸 필요가 없다. 방초매트는 1~2년 동안 잡초를 예방하지만, 머지않아 그 위에 잡초가 자라는 것을 볼 수 있다. 그 위에 자란 잡초를 뽑으려고 할 때 뿌리가 깔끔하게 뽑히지 않고 이때 매트가 손상된다. 채소밭에서 제한적으로 쓰이며, 묘목 재배지나 화단 사이의 통로에서 잡초방제에 더 효과적이다.

돌

돌은 효과적인 멀치 재료가 될 수 있다. 이것은 토양을 서늘하게 유지하고 수분 증발을 줄이며 효과가 오래 지속된다. 하지만 두껍게 돌층을 만들지 않으면 잡초를 막지 못하며 토양 건강도 개선하지 못한다. 돌 아래에 방초매트를 깔지 마라.

괭이질

이것은 사람들이 포기하기 힘든 오랜 관행이다. 괭이질은 잡초를 제거하고 토양피각을 부수는 2가지 일 때문일 것이다. 괭이질은 토양피각을 제거하지만, 곧 다시 돌아온다. 그 이유는 토양피각은 떼알구조 손실의 결과이고, 괭이질은 떼알구조를 파괴하기 때문이다. 따라서 괭이질은 실제로 장기적으로 피각을 더 악화한다.

자라는 잡초는 제거되지만, 토양 교란은 새로운 잡초 씨앗을 표면에 가져온다. 이것이 여름 내내 괭이질을 반복해야 하는 이유인가! 이런 고된 작업은 멀치로 대체할 수 있다.

피복작물

자연을 보면 대부분 맨땅이 빠르게 식물로 덮여있다는 것을 알 수 있다. 이 자연스러운 일은 건강한 토양을 유지하는 데 중요한 역할을 한다. 맨땅이 드러나면 토양침식이 늘어나고 유기물 수준이 떨어지며, 토양온도가 올라가 최상층의 미생물 활동이 줄어든다.

온대 기후의 전통적인 농업과 정원가꾸기는 늦가을, 겨울 및 초봄에 맨땅이 되는 결과를 낳는다. 이것은 농업 분야의 생산성을 떨어뜨리는 이유 중 하나다. 녹비라고 하는 피복작물은 이 문제를 완화하는 데 도움이 된다. 목표는 1년 내내 무언가를 토양에서 자라게 하는 것이다. 작물을 수확한 즉시 피복작물로 대체할 수 있는데 이 식물은 토양에 많은 이점을 제공한다.

토양 침식 감소

피복작물은 빗방울의 충격 효과를 완화하고 바람이 토양 표면에 주는 영향을 줄인다. 이로써 빗물과 바람이 지표면의 토양을 제거하는 것을 막는다. 뿌리는 또한 토양입자를 결합하여 안정시킨다.

겨울에는 눈이 약간의 침식 보호 기능을 하지만, 녹을 때 과도한 물은 토양에서 영양소를 씻어낸다. 피복작물은 토양입자가 흘러나가는 것을 줄이고, 영양소를 용탈하기 전에 흡수하여 보전한다.

잡초 억제

농작물을 수확하자마자 빈 곳에 잡초가 자란다. 피복작물이 빠르게 자라 잡초를 피압하고, 영양소를 얻기 위해 잡초와 경쟁함으로써 미래 작물에 유리한 환경을 만든다. 여름철에 메밀은 꿀벌에게 꿀을 제공하여 피복작물로 좋은 선택이다. 핵심은 많은 종자를 뿌려, 높은 고밀도의 식물 덮개를 만드는 것이다. 일반 파종량의 5배 이상을 사용하고, 다른 식물 종자와도 혼합해서 뿌린다.

유기물 증가

많은 경우 피복작물을 수확하지 않고 단순히 토양을 개선하기 위해 재배한다. 다음 작물을 심기 전에 피복작물은 추운 날씨로 죽거나 수작업으로 넘어트린다. 피복작물 잔여물은 자연에 분해되도록 토양에 남겨둔다.

토양에 들어가는 유기물량은 사용한 식물 종류, 재배 기간 및 수확 방법에 따라 다르다. 캐나다 온타리오 남서부에서는 귀리와 호밀이 1,000~5,000kg/ha의 식물 잔여물(건중량)을 생산했다. 이 수치는 따뜻한 기후에서 더 높아질 것이다.

식물 잔여물의 20%만이 토양 유기물로 공급되는 것으로 추정된다. 나머지 80%는 살아있는 토양 생물체의 일부가 되거나 가스로 날아간다. 위와 같은 비율로 다른 유기물 공급이 없다면, 1%의 토양 유기물량을 늘리는 데 20년이 걸릴 것이다. 피복작물이 없으면 실제 수치는 더 떨어질 것이다.

질소 수준 증가

보통 콩과 식물이 피복작물로 쓰이는데 이 잔여물이 토양에 들어가 질소량이 늘어난다. 콩과 식물을 수확하면, 대부분 질소가 종자에 있어 남아 있는 식물 잔여물은 토양에 질소를 거의 공급하지 못한다.

질소고정 식물은 가을에 남아 있는 토양 속 질소를 흡수하여 겨울철 내내 유지한다. 이듬해 농작물 생육에 필요한 질소를 제시간에 방출하게 된다. 토끼풀과 라이그라스ryegrass는 이러한 원리가 잘 작동하는 식물이다.

해충 감소

피복작물은 해충의 대체 숙주가 될 수 있으며, 결과적으로 작물을 심기 전에 해충을 줄일 수 있다. 뿌리작물 재배 직전에 심은 메리골드(천수국)는 뿌리혹선충root rot nematode을 줄인다. 선충을 메리골드 뿌리에 끌어들이지만, 그 뿌리 안에서 번식할 수 없으므로 토양에서 그 수가 줄어든다. 이는 두 작물이 한 해에 한 가지씩 차례로 재배되는 경우에만 작동한다.

피복작물은 또한 포식성 진드기나 무당벌레와 같은 유익한 곤충의 서식지를 제공할 수 있다.

토양구조 개선

1년 내내 토양에서 피복작물 뿌리가 자라도록 하면 떼알 형성과 토양구조가 향상된다. 또한 관개와 빗물로 인해 토양 표면의 떼알구조 손상을 방지하여 토양피각을 줄인다.

큰 뿌리를 생산하는 단무지무와 같은 피복작물은 단단한 토양을 개선하는 데 매우 효과적일 수 있다. 이 식물이 죽으면 토양에 많은 양의 유기물로 남는다.

토양수분 관리

피복작물은 빗물의 지표면 낙하 충격을 줄여주고 빗물이 땅속으로 스며들도록 도와서 표층수의 유출량을 줄여준다. 죽은 피복작물 잔여물은 상당한 양의 수분을 갖고 있다가 토양에 들어가 일체화된다.

습한 지역에서 자라는 피복작물은 봄철 토양의 건조 속도를 높여서, 주요 작물의 파종 시기를 앞당길 수 있다.

틀밭 정원

전통적인 농업은 어디에서나 심을 수 있는 평평한 밭에서 이루어진다. 작물에 따라 이랑 사이에 간격을 달리할 수 있다. 이 방법은 트랙터 등의 자동화 장비로 밭을 관리할 때 잘 작동하는 유연한 농법이다.

이런 자동화 장비가 아니라 수동 또는 반자동 장비를 이용하여, 소규모로 가꾸는 틀밭은 매력적인 농법이다. 틀밭은 2가지 형태가 있다. 단순 틀밭은 목재 등을 토양 위에 사각형으로 놓고 흙을 약간 돋아 식물을 키우는 형태이다. 이 틀밭은 통로 지면보다 15cm 정도 더 높은 경향이 있다. 또 다른 형태는 보통 목재 또는 콘크리트 블록을 써서 벽을 높게 쌓아 올려 만든 돋움 틀밭이다. 다른 재료로도 만들 수 있다. 틀밭은 최대 약 1에이커(0.4ha)의 작은 정원과 소규모 채소농원에 적합하다. 틀밭은 영구적이고 높아서 사람들이 밟지 않는다는 장점이 있다. 이 때문에 토양다짐이 생기지 않아 식물 생장에 유리하다.

또한 비료 등이 식물이 자라는 구역(틀밭)에만 들어가 자원 낭비가 적으므로 식물 재배가 더 효율적이다. 식물에 따라 각 틀밭마다 다양한 종류의 토양을 이용하거나 개량할 수 있다.

틀밭 예찬론자들은 수많은 이점을 얘기하지만, 이러한 주장의 대부분은 평범한 화단이나 평평한 밭에서 식물을 재배할 때에도 적용된다. 틀밭은 깔끔해 보이며, 꽤 높아 작업하기에 더 편안할 수 있다. 자연 토양이 매우 열악하거나 심지어 밑바닥이 포장된 곳에서도 활용할 수 있다. 틀밭의 벽은 민달팽이나 달팽이와 같은 일부 해충 문제를 줄이고 작은 설치류를 막을 수 있는 이점이 있다.

틀밭의 이점(벽이 없는 경우)은 다음과 같이 정리할 수 있다.

- 틀밭 토양이 그 아래의 땅과 토성이 비슷하다면 배수가 좋아진다. 반대로 토성이 극단적으로 다르면 주수수위*가 생겨서 틀밭 배수가 원활하게 이루어지지 않는다.
- 봄철에 토양이 빨리 건조하고 따뜻해져 식물을 더 빨리 심을 수 있다. 반대로 가을에는 더 빨리 서늘해진다.
- 보행으로 인한 토양 답압이 줄어든다.

틀밭의 주요 이점 중 하나는 식물의 심기 패턴을 바꿀 수 있다는 점이다. 전통적 농업에서는 작물을 넓게 줄 간격(공간)을 두고 심는데 틀밭은 간격을 좁게 하거나 아예 줄 없이 심을 수 있다. 틀밭의 많은 보행 통로

* 주수수위는 땅속에 물웅덩이와 같이 불투수층이 생겨 지하수위보다 높게 형성된 포화층의 수위를 말한다.

를 몇 개로 줄이고, 틀밭 간격을 더 가깝게 할 수 있다. 틀밭의 식재 구역에는 답압이 거의 없거나 전혀 없고, 더 다양하게 토양 개량이 가능하다. 더 가깝게 작물을 심으려면 건강한 토양이 필요하다.

작물 윤작

작물 윤작(돌려짓기)은 매년 특정 위치에서 다른 유형의 식물을 심어 재배하는 관행이다. 2년에서 10년 회전주기로 윤작을 계획하는 경우가 대부분이며, 이 주기에 피복작물만 키우는 한해를 넣기도 한다. 역사적으로 밭은 몇 년마다 휴경했지만, 피복작물을 키우는 것이 더 낫다.

식물 유형을 나누는 방식은 사람마다 다르다. 일부 사람들은 모든 배추속(십자화과의 속 중 하나) 식물을 하나의 유형으로 구분한다. 옥수수(벼과)와 콩과 식물은 서로 다르지만, 같은 유형으로 보기도 한다. 또 어떤 사람들은 뿌리작물과 비뿌리작물을 나눠, 몇 년 동안 2가지 뿌리작물을 함께 재배하지 않는다.

많은 연구에 따르면 윤작으로 수확량이 향상(10~25%)되지만, 그 이유는 아직 명확하지 않다. 보통 윤작은 한 작물이 토양의 특정 영양소를 고갈시키는 것을 방지한다.

모든 식물은 같은 양의 같은 영양소를 흡수하기 때문이라는 간단한 설명으로 충분치 않다. 게다가 연구에 따르면, 비료로 토양의 영양소 수준을 높게 유지하더라도 여전히 설명되지 않는 부분이 있다고 밝혔다.

일반적인 제안은 옥수수 수확 직후에 콩과 식물을 심는 것이다. 옥수수는 질소를 많이 흡수하는데 콩과 식물은 대기의 질소를 토양에 다시 고정한다. 이 아이디어의 문제는 수확 시 대부분 질소가 콩과 식물의 씨앗에 있으므로 작물을 수확하면 질소가 토양에 거의 고정되지 않는다는 점이다. 질소비료를 많이 사용하더라도 옥수수-옥수수를 연속 재배하면 옥수수-콩과 식물보다 수확량이 적다. 윤작의 이점은 단순히 영양소 가용성을 기준으로 설명할 수 없다.

이전 작물이 토양 pH를 변화시킬 수 있다. 예를 들어, 누에콩(잠두)을 재배하면 토양을 산성화하여, 다음에 재배하는 옥수수에 풍부하게 필요한 인을 더 많이 배출할 수 있다. 이전 재배식물은 미래작물에 혜택을 제공하는 미생물의 생물다양성을 바꿀 수도 있다. 식물은 토양에 침투하는 다양한 뿌리 구조를 갖추고 있다. 윤작 작물은 가뭄에 더 강력하게 질소를 효율적으로 이용한다. 토양 건강을 다양한 방법으로 측정하지만, 윤작이 토양 건강을 어떻게 개선하는지를 과학자들은 이해하지 못하고 있다.

윤작은 또한 해충과 질병의 환경압(스트레스)을 감소한다. 같은 토양에서 동일 작물을 계속 재배하면 해충과 질병이 작물을 더 쉽게 찾아내고 미래에 쉽게 감염될 수 있다. 윤작이 이 주기를 방해한다.

회전주기는 해충 방제에 중요하다. 2년 주기는 양파의 잎마름병을 줄이는 데 효과적이지만, 무와 순무의 뿌리혹병을 줄이려면 7년 주기가 필요하다. 또한 비숙주 작물은 경작을 쉬는 해에 재배하는 것이 중요하다. 한편, 잡초는 특정 작물 옆에서 더 잘 자란다. 밀 재배 이후 심은 대두(콩과 식물) 밭에는 밀의 타감작용*으로 인해 잡초가 적다.

윤작은 넓은 경작지에 적합하지만, 뒷마당 텃밭에서는 그 효과가 크

* 타감작용은 식물에서 일정한 화학물질이 생성되어 다른 식물의 생존을 막거나 생장을 저해하는 것을 말한다.

지 않다. 식물을 너무 가까이 심으므로 해충 방제효과가 크지 않다. 정원 대부분은 유기물 시비량이 높아서 윤작의 이점이 줄어든다.

동반심기

동반심기는 2개 이상의 식물을 함께 재배하여, 적어도 하나는 다른 식물의 존재로부터 이익을 얻는 인기 있는 농법이다. 가장 일반적인 예가 옥수수, 콩, 호박을 함께 재배하는 세 자매 농법이다. 콩이 옥수수 생장을 돕는 질소를 토양에 고정하고, 옥수수는 콩을 지탱해 주며, 호박은 땅을 그늘지게 하여 잡초를 억제하고 땅속의 수분을 유지한다고 일부 사람들은 주장한다.

북미 원주민이 이 기술을 이용했지만, 높은 생산율을 위한 것이 아니라 편의를 위해 썼다. 현실은 콩이 거의 모든 고정된 질소를 가져가고, 옥수수가 이용할 수 없도록 만든다. 옥수수는 그늘을 만들고 콩과 경쟁한다. 호박은 토양을 덮지만 많은 수분을 이용한다. 오늘날 재배품종을 이용하는 세 자매 농법은 단일 재배보다 더 생산적이지 않다.

책과 온라인에 제시된 동반식물 전략은 대부분 과학적 근거가 없다. 이것들은 대부분 작가가 만들었고, 일반인이 반복하고 있다. 잘 연구된 식물 조합이 있지만, 모두 작은 텃밭 수준이 아니라 대규모 농업 기반이다. 동반식물 전략을 시도하는 데 시간을 보내기 전에 관심 있는 특정식물 조합을 조사하고, 효과가 있다는 문헌 근거를 찾아보기 바란다.

해충을 줄이기 위해 동반식물을 함께 사용하는 것이 일반적인 관행이다. 안타깝게도 이 분야의 대부분 연구는 중요한 전체 수확량과 품질보다 해충의 수에 초점을 맞추고 있다. 동반식물이 특정 해충의 수를 줄일 수 있지만, 수확량을 늘리거나 품질을 개선하지 못하면 실질적인 이점이 없다.

제11장

토양 화학성 문제 해결

토양 화학성은 식물 생장에 중요하지만, 대부분 정원사가 제대로 이해하지 못하고 있다. 그들은 식물이 잘 자라기 위해 토양개량이 필요하다는 고정관념을 가지고 있다. 또 분자 수준에서 토양에서 무슨 일이 일어나고 있는지 이해하는 데 시간을 들이지 않고서, 식물 재배에 적합한 화학물질의 조합을 끊임없이 찾고 있다. 결과적으로 많은 관행은 식물, 토양 또는 환경의 건강에 거의 도움이 되지 않으며, 이로운 영향을 주지 못한다.

이 장의 주제는 미신과 오해로 가득 차 있다. 화학물질을 토양에 뿌리기 전에 여러분이 무슨 일을 하고 있는지 이해하는 시간을 가져야 한다.

완충용량

토양 pH는 산성 물질을 추가해 산성을 만들거나 석회를 뿌려 알칼리성으로 교정하는 단순한 문제가 아니다. 많은 요인의 변화는 pH가 관여하고, 이런 변화는 복잡하다.

예를 들어, pH가 지나치게 산성이라서 알칼리성으로 교정하고 싶은 토양을 가정해보자. 통상의 권장 사항은 석회를 시비하는 것이다. 이것은 간단하게 들린다. 석회를 약간 토양에 섞은 후에 토양검사를 수행해보자. 그러면 pH가 변하지 않았다는 점을 알 수 있다. 그 이유는 완충용량이라는 토양 특성이 알칼리성 물질(염기) 또는 산성 물질(산)을 흡수하고 pH를 유지하기 때문이다.

이 완충용량의 원인은 무엇일까? 알칼리성 토양에서 칼슘·마그네슘·칼륨의 산화물 및 탄산염은 첨가된 산酸을 중화하고 pH가 변하지 않도록 한다. 산성 토양에서 산화알루미늄과 수산화철은 석회와 같은 알칼리성 물질을 첨가해도 같은 역할을 한다. 중성 토양에서 유기물(부식질)과 점토 광물은 pH를 유지하는 데 큰 역할을 한다.

토양마다 산과 염기를 흡수하는 능력이 다르다. 완충용량이 높은 토양은 낮은 토양보다 pH의 변화 없이 더 많은 산이나 염기를 흡수할 수 있다. 완충용량이 높은 토양은 점토, 유기물 및 양이온교환용량CEC이 많거나 높은 경향이 있다. 높은 완충용량은 보통 pH를 일정하게 유지하므로 식물 생장에 좋다. 단, pH를 조정할 때 어려움이 따른다.

토양 pH 높이기

무기질 토양*에서 자라는 식물의 이상적인 pH 범위는 6~7이다. 하지만 유기질 토양(이탄 및 습지)의 경우, 이보다 더 낮은 pH 5.5~6이다. 또한 적정 범위는 식물의 종류에 따라 다르다. 블루베리, 철쭉류처럼 산을 좋아하는 식물들은 약 5.5의 pH가 적당하다.

이탄토**와 열대 토양은 pH 교정이 매우 어렵지만, 무기질 토양은 석회를 투입하여 pH를 높일 수 있다. 엄밀히 말하면, 석회는 산화칼슘(생석회) 또는 수산화칼슘(소석회)이지만, 이 용어는 광범위한 칼슘 함유 화합물을 설명하는 데 쓰인다. 농업용 석회는 보통 탄산칼슘(탄산석회) 또는 석회석이다. 이 모든 토양개량재는 산을 중화시키고 pH를 높인다.

토양에 석회를 투입하기 전에 중화(보통 pH 6.5)에 필요한 석회소요량을 산출하는 토양검사를 해야 한다. 실험실은 목표로 한 pH 변화에 추가할 석회(탄산칼슘)의 정확한 양을 계산할 수 있다.

토양의 칼슘과 마그네슘 수치를 알면 올바른 석회 종류를 고르는 데 도움이 된다. 예를 들어, 고토석회***는 마그네슘 수치를 높이므로 마그네슘 함량이 높은 토양에 써서는 안 된다. 이 경우 석고는 황산칼슘이 들어있고 마그네슘이 없어 더 나은 선택이다.

다른 석회 제품은 또한 다른 속도로 pH를 교정한다. 고토석회는 느리게 작용하며 완전한 효과를 얻으려면 몇 년이 필요하다. 이렇게 느리다

* 주로 광물질로 만들어진 토양으로 유기물 함량이 20% 미만

** 이탄토는 습지에서 고사한 습생 식물잔재가 과습한 조건에서 분해가 억제되어 퇴적된 것

*** 고토석회는 마그네슘 공급뿐만 아니라 산성 토양을 중화하는 석회 물질로 된 탄산염광물이며, 백운석 석회라고도 한다.

는 점은 더 오래 지속된다는 의미이다.

토양의 오해와 진실: pH에 따라 석회 투입

토양이 너무 산성이면 통상의 조언은 석회를 섞는 것이며, 권장량은 기존 토양의 pH를 기준으로 정한다. 높여야 하는 각 pH 단위에 대해 특정 석회량을 제공한다. 예를 들어, 유명한 대학은 "pH를 2단계 높이기 위해 평방 피트당 석회를 테이블스푼 4개"를 권장한다. 그러나 이 조언은 거의 항상 틀린다.

현재 pH값은 pH 교정이 필요한지를 알 수 있지만, 필요한 석회량을 결정하는데는 이 값이 쓰이지 않는다. 대신 토양의 완충용량(pH를 유지할 수 있는 능력)에 필요한 석회량이 결정되며, 이 값은 적절한 실험실 검사를 통해서만 알 수 있다. 석회 종류별 정확한 양은 각 제품이 pH 변화에 대한 용량이 다르므로 사용량은 제품별로 다르다. 간단한 pH검사 키트는 완충용량에 대한 값을 제공하지 않으므로 pH를 교정하는 데 써서는 안 된다.

토양 pH 낮추기

알칼리성 토양의 pH를 낮추는 것은 어려울 수 있으며, 대부분의 경우 필요하지 않다. 식물은 7 미만의 pH를 선호하지만, 대부분은 pH 8에서 잘 자란다. 측정된 pH값은 전체 토양 단면을 대표하는 값이지만, 식물 근권根圈의 pH는 2단계만큼 다를 수 있다는 점을 유의해야 한다. 토양이 알칼리성이더라도 근권은 산성으로 바뀐다.

만병초, 철쭉류, 블루베리와 같은 산성을 좋아하는 식물은 pH 7 이상에서는 잘 자라지 않지만, 실제로는 알칼리성 조건을 선호하는 식물도 있다. 몇 가지 호산성好酸性 식물을 제외하고, 거의 모든 식물이 pH 7.4의 토양에서 잘 자란다.

알칼리성 석회질 토양은 석회석과 같은 광물이 들어있어, 이 토양을 중성으로 교정하기가 어렵다. 산酸이 토양에 들어오면 석회석이 더 많이 용해됨에 따라 빠르게 중화된다. pH 5.5의 산성비조차도 효과가 없다. 피트모스는 작은 구역을 산성화하는 데 권장하지만, pH 강하는 약 1주일 정도밖에 지속되지 않는다.

비료는 토양을 산성화하는 데 쓸 수 있다. 황산암모늄(유안)과 황으로 코팅된 요소는 이를 위한 좋은 선택이다. pH를 낮추려면 농업용 유황을 더 많이 쓰기를 바란다. 상대적으로 저렴하고 반응이 느리지만 단기간 동안만 효과적이다. 세균은 황을 황산으로 전환한다. 분말은 다루기가 더 어렵지만, 입상보다 빠르게 작동한다. 매년 다시 시비해야 하며, 필요한 양은 토성 등의 여러 요인에 따라 다르다. 토양검사를 통해 권장사항을 따르는 것이 가장 바람직하다.

알루미늄 또는 황산철은 pH를 낮추는 데 사용해서는 안 된다. 알루미늄과 철은 식물에 독성으로 작용할 수 있으며, 그 효과의 지속성이 없기 때문이다.

염류토양과 나트륨성 토양

염류토양saline soil은 나트륨, 칼슘 및 마그네슘을 포함한 높은 수준의 가용성 이온을 가지고 있다. 정상적인 토양의 이온 농도는 뿌리 내부보다 더 낮다. 그러나 염류토양은 그 반대이다. 이로 인해 토양수분이 뿌리로 흘러 들어가는 것이 어려워지고, 심한 경우 뿌리 내부의 수분이 토양으로 빠져나온다. 이런 조건의 식물은 토양수분이 많더라도 탈수로 죽을 수 있다.

이 문제는 토양 표면으로 수분 증발이 심한 건조하고 따뜻한 지역에서 생긴다. 증발로 인해 낮은 층의 수분과 염류가 위로 올라가면서 식물 뿌리나 표면 근처에 염류가 침전되어 흰색 껍질(염류피각)을 볼 수 있다. 염류토양은 전기전도도EC가 4dS/m 이상이고, pH는 8.5 이하이다. 민감한 식물은 2dS/m 이상이면 피해를 본다.

이 염류는 물에 녹기 때문에 물을 자주 주거나 증발 속도를 줄이는 것이 가장 좋다. 그러면 뿌리 영역 아래로 염류가 씻겨 내려간다. 관개와 멀치 모두 도움이 된다.

나트륨성 토양sodic soil은 나트륨(Na) 함량이 높고 칼슘과 마그네슘 함량이 낮다. 과도한 나트륨은 점토의 음전하와 결합하여 토양구조를 파괴한다. 점토는 매우 작은 입자로 떨어져서 서로 밀착하여 공극 공간을 채운다. 이 토양은 경작하기 어렵고 종자 발아가 불량하며 식물이 자라기 어렵다.

나트륨성 토양의 원인은 염류토양과 비슷할 수 있지만, 높은 해수면과 바닷물 관개 때문에 발생할 수도 있다. 나트륨성 토양은 나트륨 수준이 높고 전기전도도가 4dS/m 미만이며 pH가 8.5 이상이다.

나트륨성 토양을 개량할때는 점토 입자에 부착된 나트륨을 대체할 상당량의 칼슘이 필요한데 석고($CaSO_4 \cdot 2H_2O$)를 투입하면 된다. 그런 다음 토양에 관개하여 과도한 나트륨을 녹여 제거할 수 있다. 바닷물의 고수위 문제를 해결하는 것도 중요하다.

다음은 염류토양과 나트륨성 토양 상태를 개선하거나 식물 피해를 줄이는 데 도움이 된다.

- 염류가 모이지 않도록 낮은 지점을 평평하게 고른다.
- 고품질의 관개 용수를 사용한다.
- 염류가 표면으로 이동하지 않도록 토양을 촉촉하게 유지한다.

- 염류를 제거하기 위해 더 많이 물을 댄다.
- 합성비료를 최소한으로 시비한다.
- 문제를 조기에 발견하기 위해 토양을 자주 검사한다(EC, pH 등).
- 두둑에 작물을 심고, 고랑에 관개하는 밭을 만들어 사용한다.
- 점적 관개를 이용하여 골고루 물을 준다.

토양의 오해와 진실: 석고는 식토의 토양구조를 개선한다.

무거운 식토(점토질 토양)는 점토입자 사이에 결합력이 강하여 경운이 어렵다. 이 문제를 해결하기 위한 통상의 대안은 석고를 섞어 점토의 결합을 느슨하게 하여 경운을 쉽게 만들고 토양구조를 개선하는 것이다. 석고는 나트륨 성분이 없고 중성염이라서 식토의 pH 변화에 전혀 영향을 미치지 않는다.

양이온교환용량 증가

사질토는 낮은 양이온교환용량CEC을 가지며, 결과적으로 영양소는 빗물과 관개 때문에 토양에서 빠르게 씻겨 나간다. CEC가 높은 토양은 식물이 양분을 흡수 준비할 때까지 영양소를 저장할 수 있는 전하가 많아 비옥한 토양이라는 것을 의미한다. CEC를 높이면 토양의 영양소가 늘어난다.

CEC를 높이는 3가지 방법이 있다.

- 점토 함량 증가
- 유기물량 증가
- pH 상승

점토 함량을 늘리는 것은 많은 점토가 필요하므로 그다지 실용적이지 않지만, 차선일 수 있다.

유기물 수준은 멀칭, 피복작물, 퇴비 시비, 경운 감소 등 다양한 방법으로 늘릴 수 있다. CEC 증가는 오랫동안 고도로 분해된 부식질에 의해 나타나며, 장기적인 과정에서 CEC가 늘어난다.

산성토양은 석회 투입으로 pH를 높일 수 있다. 이는 토양교질(점토와 부식질)에 붙어 있는 수소이온을 제거하여 영양소인 양이온으로 대체할 수 있도록 한다.

한 가지 인기 있는 아이디어는 칼슘(Ca) : 마그네슘(Mg) 또는 칼슘(Ca) : 칼륨(K) 비율의 관리가 식물 생장에 중요하다는 점이다. 그러나 이것은 과학적 근거가 없다. 영양소가 부족한 토양에서 이러한 이온의 비율을 걱정하는 것보다 이온량(영양소)을 높이는 것이 더 유리하다. 이온양이 늘어났다는 것은 CEC가 증가했다는 것이다.

합성비료와 유기비료

합성비료와 유기비료의 차이점은 특히 유기농 단체에서 많이 소개했다. 소개한 내용 중 상당수는 잘못된 것이다. 여기에서 유기비료라는 용어는 인증된 유기농업에서 허용되는 천연 제품을 의미한다. 합성비료는 요소와 같은 유기화합물뿐만 아니라 질산암모늄, 황산칼슘, 인산칼륨과 같은 인간이 만든 모든 비료이다. 이 비료는 물에 쉽게 용해되며 거의 즉시 식물이 이용할 수 있다.

유기비료는 사람이 조작했다 해도 더 친자연적이다. 두엄과 퇴비가 좋은 예이지만, 채굴과 가공된 암석 가루조차도 유기비료로 간주한다.

골분, 혈분 및 대두박*도 가공하여 유기비료로 본다. 이 비료는 자유영양이온**과 더 거대분자로 되어 있다. 자유영양이온은 식물이 쉽게 쓸 수 있지만, 합성비료보다 총 영양소에서 그 비율은 낮다. 유기비료 제품의 구성물 대부분은 식물이 이용하기 위해 반드시 분해가 필요한 큰 분자이다.

합성비료와 유기비료의 주요 차이점을 들자면, 합성비료는 식물에 영양소를 빠르게 방출하여 쓸 수 있고, 유기비료는 느리게 오랫동안 이용할 수 있다는 점이다. 합성비료의 이런 빠른 공급 특성은 일부 부정적일 수 있지만, 식물이 필요로 하는 비료의 욕구를 만족시킬 수 있다. 짧은 계절에 작물을 재배하고 가능한 한 많이 수확하고 싶다면 합성비료가 적합한 선택이다. 반면, 관상용 정원은 식물을 크게 키우는 데 급하지 않으므로 유기비료가 더 바람직하다.

정원은 영양소가 풍부한 편이지만, 한 가지가 부족할 때는 비용과 환경적 측면에서 그냥 그 영양소만 공급하는 것이 가장 바람직하다. 합성비료를 선택하여 빠져나간 영양소를 공급할 수 있으므로 이것이 더 쉽다. 대부분 유기비료는 다양한 영양소를 토양에 공급하며, 많은 경우 두엄, 퇴비와 같이 그 안에 뭐가 들어있는지도 잘 알지 못한다. 퇴비에는 마그네슘이 얼마나 들어 있을까?

합성비료는 취급하기 쉽다는 장점이 있다. 토양에 질소를 공급한다면, 합성비료(26-5-10)는 봉지 1개(20kg)면 충분한 데 비해 퇴비(1-1-1)는 26개 봉지를 뿌려야 한다.

---

* 콩 등에서 기름을 짜고 남은 찌꺼기

** 이웃하는 다른 원자나 이온, 분자 따위의 영향을 거의 받지 않는 이온

합성비료와 유기비료의 또 다른 점은 전자는 토양의 떼알 또는 CEC 수준을 늘리는 데 도움이 되지 않지만, 후자는 도움이 된다. 고도로 가공된 어분·혈분 비료는 식물쓰레기나 퇴비보다 토양구조 개선에 별 도움이 되지 않는다.

비료에 대한 이해

국가마다 비료 표시에 대한 자체 기준이 있다. 대부분은 N, P, K값(예시: 10-10-10)을 표시한다. 호주와 같은 일부 국가에서도 황(S) 함량을 표기한다. 문자 N, P, K는 화학자들이 질소, 인, 칼륨 화학물질을 설명하기 위해 약자로 쓰는 원소기호이다(K는 라틴어 이름이 칼륨이며, 2019년부터 포타슘이라 부른다).

토양의 오해와 진실: NPK는 질소, 인, 칼륨의 비율이다.

N값은 함유된 질소의 퍼센트값(%)이다. 그러나 P와 K값은 P_2O_5(인산)와 K_2O(산화칼륨 또는 칼리)라서 순수한 P(%)와 K(%)의 퍼센트값이 아니다.
다음과 같이 변환하여 P(%)와 K(%)값을 구할 수 있다.

- P_2O_5는 56.4%의 산소(O)와 43.6%의 인(P)으로 구성된다. P(%)값을 얻으려면 보고된 NPK의 P값에 0.436을 곱하면 되고 약 절반에 해당한다.
- K_2O는 17%의 산소(O)와 83%의 칼륨(K)으로 구성된다. K(%)값을 얻으려면 보고된 NPK값의 K값에 0.83을 곱하면 된다.

이 정보를 이용하면 10-10-10의 비료에 질소는 10%, 인은 4.36%, 칼륨은 8.30%가 들어있다는 것이다. 이 변환 수치는 토양검사의 권장사항을 충족할 수 있도록 정원에 시비한 적정 비료량을 결정하는 데 도움이 된다.

영양소 유효도(nutrient availability)

NPK의 질소값은 식물이 이용할 수 있는 총질소량이다. 합성비료 대부분의 질소는 물에 녹아서 즉시 쓸 수 있다. 요소비료의 경우 미생물은 먼저 이를 이용 가능한 질소로 전환해야 하지만, 이는 토양에서 매우 빠르게 일어난다(분해 기간은 겨울에 2~3주일, 초봄에 10일 전후, 초여름에 2~3일, 한여름에 1일 정도). 요소는 상당히 빨리 암모니아 가스로 날아가므로 요소비료는 물을 뿌리거나 토양과 섞어야 공기 중으로 질소의 손실이 적어진다.

유기비료의 질소는 대부분 느리게 분해되는 형태이다. 퇴비의 97%는 큰 분자로 묶여 있어 식물이 즉시 쓸 수 없다. 퇴비의 인(P)은 대부분 큰 분자라서 천천히 토양으로 방출된다. 일단 방출되면 양이온과 빠르게 복합체를 형성하여 토양에 흡수된다. 반면 칼륨은 큰 분자에 묶여 있지 않아서 유기물에서 칼륨 이온의 형태로 빠르게 나온다.

토양 pH에 대한 영향

사용되는 비료 종류에 따라 토양 pH에 영향을 미친다. 인산암모늄과 같은 암모늄 이온이 들어있는 비료들은 토양을 산성화한다. 유기물이 분해되면서 질소를 암모늄이온 형태로 방출하여 토양을 산성화한다. 질산염 비료는 토양 pH를 낮추는 경향이 있다.

식물에 먹이를 주지 말자.

식물에 비료를 준다는 것은 흔한 오해다. 이 믿음은 정원사나 농업 전문가에 의해 만들어졌고 비료 회사에서도 적극적으로 홍보했다. 아주 흔한 질문은 어떤 식물에 어떤 비료를 써야 하는가이다. 심지어 정원용 비료는 특정 식물을 위해 판매되기도 한다.

재미 삼아 구글Google의 이미지 검색기능을 써서 토마토 비료를 찾아보라. 그러한 특수 비료 수십 가지를 볼 수 있으며, 모두 다른 배합NPK을 가지고 있다. 이 모든 제품이 어떻게 최고의 토마토 비료가 될 수 있을까? 될 수 없다. 기껏해야 비료성분 하나 정도는 올바른 제품이 될 수 있지만, 실제로는 어느 것도 여러분의 토양에 맞지 않는다.

토양의 오해와 진실: 균형 잡힌 비료

상업용 비료를 처음 보급했을 때 제조업체는 '균형 비료'라는 아이디어를 개발했다. 이는 정말 말이 되는 것 같았다. 식물에는 N, P, K가 필요하다는 것이 알려졌으므로 식물에 동일한 양, 즉 균형이 잡힌 비료를 주는 것이 좋지 않을까?

5-5-5 또는 10-10-10과 같은 비료 비율번호가 표시된 제품은 정원사에게 큰 인기를 끌었다. 3가지 주요 영양소를 모두 공급하기 때문에 잘못될 수는 없었다. 앞에서 설명했듯이 소위 균형 잡힌 비료는 균형이 잡히지 않는다. 10-10-10은 실제 값은 10-4-8이기 때문이다.

우리는 이제 식물이 같은 양의 영양소를 쓰지 않는다는 것을 알고 있으므로 균형 잡힌 비료에 대한 아이디어는 무의미하다. 유감스럽게도 여전히 이 제품들이 자주 추천된다.

우리는 식물에 비료를 주지 않는다. 비료의 목적은 토양에서 빠져나간 영양소를 추가하는 것이다. 토양에 질소를 제외한 모든 영양소가 충분한 양이면 질소만 시비해야 한다. 마을 건너편에 누군가의 토양은 질소가 많지만, 칼륨이 적다. 그들은 그냥 토마토를 재배하고 있다고 해도 이것은 사실이다.

비료는 식물에 먹이를 주는 것이 아니라 토양의 부족한 영양소를 투입하는 것이다. 목표는 토양에 저장량을 높여 식물이 필요할 때 모든 영양소를 이용할 수 있도록 하는 것이다.

올바른 질문은 어떤 영양소가 빠져나갔는가? 토양검사만이 이를 알 수 있다.

합성비료

산업화 사회에서 식물은 비료 없이는 자랄 수 없다고 믿고 있지만, 이는 사실이 아니다. 농업은 작물을 자라게 하는 것이 아니라 수확량을 늘리기 위해 비료를 뿌린다. 대부분 비료 없이 작물을 재배할 수 있으나, 시비하면 수확량이 늘어나 수익이 증가한다. 비료 권장량은 실험실 검사에 기반하지만, 안타깝게도 소규모 재배자와 대부분의 주택 소유자는 단순하게 필요하다고 생각하기에 비료를 뿌린다.

토양검사에서 결핍이 확인되면 그것을 채울 수 있는 영양소만 시비하라. 결핍이 없으면 비료를 주지 마라. 토양검사를 하지 않았다면 결핍이 없다고 가정하고 비료를 주지 마라.

대부분의 조경공간과 정원에는 비료가 필요하지 않다. 토양이 건강한 텃밭은 영양소가 낮은 유기물을 충분히 공급하기 때문에 비료 시비가 필요하지 않다.

소규모 채소농원은 주택 정원과 일반 농업의 중간지점에 있다. 이곳에서 이익이 중요하다면 비료 시비로 수확량을 늘릴 수 있다. 단, 토양검사 후에 비료를 시비해야 한다.

여러분은 지난 5년 동안 정원에 공급된 유기물을 고려해야 한다. 식물에 필요한 모든 영양소는 아니지만 대부분 영양소를 쉽게 공급할 수 있다.

상업용 킬레이트

킬레이트 비료가 점점 인기가 있는데 보통 철분 결핍에 쓰인다. 그러나 올바른 제품을 선택하는 것이 필수적이다. 여러 킬레이트 화합물은 서로 다른 양의 이온을 전달하며, pH 수준에 따라 효과가 달라진다.

- 철(Fe)-EDTA: 토양에 가장 많은 철분을 방출하지만, 산성 토양에서만 효과적이다. 이것은 대부분의 액체 비료에서 볼 수 있는 흔한 형태이다. EDTA는 칼슘에 대한 친화력이 높아 철분 보호에 효과가 없으므로 칼슘 농도가 높은 토양에서 사용해서는 안 된다.
- 철(Fe)-DTPA: 토양 pH 7.5까지 효과적이며, 철(Fe)-EDTA만큼 칼슘에 민감하지 않다.
- 철(Fe)-EDDHA: 토양 pH 11까지 사용할 수 있지만, 가장 비싸다.

pH 외에도 올바른 킬레이트 제품을 선택하려면 전달되는 이온과 함께 식물도 고려해야 한다. 이는 킬레이트 제품 광고에서 홍보하는 것보다 훨씬 더 복잡하기 때문에 작은 정원에서는 이 제품을 안 쓰는 것이 바람직하다.

EDTA는 농업에서 가장 많이 쓰는 킬레이트 중 하나이며, 불행히도 미생물에 의해 빠르게 분해되지 않아 독이 될 수 있다. 결과적으로 하천에 EDTA의 양이 늘어나고 있다.

비료 적용

비료는 연중 한 번에 시비하거나 여러 번 뿌릴 수 있다. 질소는 토양을 통해 빠르게 이동하므로 1년 내내 식물이 필요할 때만 소량으로 시비한다. 늦가을에 합성 질소비료를 시비하면 식물이 봄에 쓰기 전에 침출되기 때문에 쓸데없는 자원 낭비가 될 수 있다.

CEC가 높은 토양은 낮은 토양보다 더 오래 영양소를 저장하여 식물에 공급한다.

토양의 오해와 진실: 비료량 계산

비료를 뿌릴 때 적정량, 시비 면적 및 영양소량을 알아야 한다. 무게와 면적, 퍼센트(%) 단위에 주의해서 계산하여야 한다.

- 1아르(1a = $100m^2$)당 1.0kg의 질소(N)를 시비하려면 얼마나 많은 비료가 필요할까? NPK 26-5-10 비료에는 질소 26%가 들어있다. 필요한 질소의 무게를 비료의 질소 %로 나눈다.

  $$1a \times (1.0kg \div 0.26kg) = 3.8kg$$

  26-5-10 비료 3.8kg을 사용하여, 1a당 질소 1.0kg을 시비한다.

- 1a에 3.8kg의 26-5-10 비료를 시비하면 얼마나 많은 인산염(P_2O_5)이 투입되는가? 이 비료에는 5%의 인산이 들어있다. 투입할 인산의 양을 계산하려면 투입된 무게에 백분율을 곱한다.

  $$3.8kg \times 0.05 = 0.19kg$$

  3.8kg의 26-5-10 비료를 1a에 적용하면 인산염 0.19kg이 투입된다.

- 1a당 2kg의 칼리(K_2O)를 적용하려면 몇 봉지의 비료가 필요할까? 이 질문에 답하려면 봉지에 담긴 비료의 양, 비료의 NPK, 시비할 면적도 알아야 한다. NPK 10-10-10의 20kg 비료 봉지이며, 12a의 총면적에 시비한다고 가정하자. 시비한 칼리의 양을 12a 의 총면적에 곱하여 필요한 칼리의 총량을 계산한다.

  $$2kg \times 12a = 24kg$$

  총 24kg의 칼리가 필요하다. 20kg의 비료 봉지에는 10% 칼리 또는 2kg(20 × 0.1)의 칼리가 들어있다. 필요한 총량을 봉지로 나눈다.

  $$24kg \div 2kg = 12봉지$$

  가정한 칼리를 시비하려면 총 12개의 봉지가 필요하다.

유기비료

다음은 많이 쓰이는 유기비료 종류에 관해 설명이다.

퇴비

퇴비compost*는 이상적인 완효성 비료인데 토양 위에 1cm 정도 깔아 주면 자연이 천천히 분해한다. 매년 뿌리면 시간이 지남에 따라 건강한 토양이 만들어진다. 또 이것은 시간이 지나면 토양 일부가 된다.

NPK값은 보통 1-1-1로 상당히 낮지만, 실제 값은 만들 때 사용되는 재료에 따라 다르다.

두엄

두엄manure은 썩지 않은 신선한 상태라고 생각하면 된다. 동물의 소화기관이 분해 과정을 시작했다 하더라도 대부분 유기물은 여전히 분해되지 않았다. 동물의 오줌은 보통 두엄과 섞여 빠르게 질소를 방출한다. 오줌은 식물을 태울 정도(잎괴사)로 질소 농도가 높아서 주의가 필요하다. 두엄을 잠시 그대로 두어 부숙이 되도록 하는 것이 가장 좋다. 닭 등의 가금류 두엄은 질소 함량이 가장 높으므로 사용하기 전에 부분적으로 식물성 재료와 섞어 퇴비화가 필요하다. 말똥은 쓰기에 가장 안전하지만 쓰기 전에 몇 달 동안 그대로 두어야 한다.

신선한 두엄의 NPK(약 1-1-1)는 배설물, 사료 및 축사에 깐 재료에

* 퇴비(compost)는 낙엽, 지푸라기 등의 식물 재료를 쌓아 올려 썩힌 것을 말한다. 넓은 범위의 두엄은 퇴비가 포함되기도 하지만, 두엄(manure)은 통상 동물의 배설물, 축사에 까는 짚 등의 재료를 신선한 상태거나 썩힌 것이며, 구비(廐肥)라고 말한다.

따라 각기 다르다. 온라인에서 다양한 NPK 비율을 찾을 수 있지만, 시간이 지남에 따라 그 값이 달라진다는 점을 기억하라. NPK값은 통상 중량 단위 기준으로 표시되며, 두엄은 시간이 지남에 따라 건조된다. 오래된 마른 두엄은 수분이 많은 신선한 두엄보다 NPK값이 높다.

영양소의 상대적인 양도 변한다. 동물 오줌은 대부분 칼륨이 들어있으며 침출로 쉽게 잃어버린다. 질소의 약 절반은 쉽게 손실되는 형태이며, 인(P)은 대부분 큰 분자로 안정적이다. 제대로 취급하지 않으면 처음 3주 동안 90%의 질소가 손실될 수 있다.

두엄의 한 가지 문제는 질소보다 식물이 이용하는 P가 너무 많이 들어있다는 점이다. 계속해서 습관적으로 너무 많은 두엄을 뿌리면 P의 독성 수준까지 올라갈 수 있다.

밭에서 썩을 수 있도록 두엄을 식물에서 멀리 떨어진 토양 위에 뿌려서 쓰는 것이 가장 바람직하다.

돌가루

돌가루 효능은 유기농과 영속농업* 단체가 강력하게 추천한다. 그들의 논리를 보자면 계속해서 토양에서 농작물을 재배하고 수확할 때마다 토양에서 광물질(무기물)을 제거한다는 것이다. 광물화하는 과정을 통해 이것을 다시 보충해야 하는 점은 당연한 논리다. 그래서 매년 돌가루를 토양에 섞어준다.

---

* 영속농업(permaculture)은 호주 빌모리슨 교수가 약 30년여간 개발했던 영속적인 농업의 개념으로 지속 가능한 농업과 유사하다.

토양의 오해와 진실: 토양에 무기물이 부족하다.

우리가 토양에 있는 무기물(미네랄)을 쓰고 있다는 것은 상식적인 것 같다. 유기농단체와 환경단체는 이것을 큰 문제로 지적하지만, 사실이라는 증거는 거의 없다.

토양에 무기물이 부족하면 훨씬 더 많은 비료를 시비할 필요가 있다. 실제로 우리는 식물을 기르기 위해서가 아니라 수확량을 늘리기 위해 상대적으로 적은 양의 비료를 시비한다.

우리가 생산하는 식품은 적어도 몇 년 전만큼 오늘날 영양가가 높으며, 경우에 따라 더 영양가가 있다. 만약 토양이 충분한 양분을 공급할 수 없다면 그것을 설명하기가 어렵다.

이 계산을 고려해보자. 농경지 토양에는 1~5%의 철분(Fe)을 함유하고 있다. 평균 2%로 보면 경작층에는 4,500g/m^2이다. 당근이 50g이면 철분 0.0003g이 들어있다. 그렇다면 1m^2의 토양에 1,500만 개의 당근을 재배할 수 있는 충분한 철분이 있다. 아직도 농경지에서 철분을 다 쓰지 않았다. 우리가 토양에 무기물을 공급해야 한다는 증거는 거의 없다.

돌가루는 인간이 만들거나 자연적으로 발생하는 분쇄된 암석이다. 화강암을 절단하면 화강암 가루가 발생하는데 이것을 상업용으로 판매한다. 빙하는 자연적으로 빙하 돌가루를 생성한다. 화산 근처에서 돌가루가 발견되면 이것은 현무암으로 이루어져 있다.

영양소 시비 효과를 얻으려면 암석을 매우 미세한 분말로 갈아서 미생물이 쉽게 분해할 수 있도록 해야 한다. 미량 영양소가 많이 포함되어 있지만, NPK값은 약 0-0-1이다.

돌가루 문제는 빙하에 의한 풍화나 강산성 조건을 제외하고, 광물질이 용해되었다는 증거가 거의 없다는 점이다. 개인적으로 여러 제조업체에 돌가루가 토양의 영양소를 늘린다는 연구자료를 요청했지만, 그러한 근거를 제공하지 못했다.

한 상업제품은 74개의 광물질이 들어있다는 사실을 강조하지만, 식물은 이 중 약 20개만 이용한다. 돌가루가 단기간에 토양에 영양소를 증가한다는 명확한 증거가 있기 전까지는 무의미해 보인다.

인광석

인광석은 인 농도가 높은 암석의 일종이다. 이것은 채굴되어 미세 분말로 갈아서 정원사에게 제공된다. 유기농 인증기관에서는 이것을 유기 비료로 본다. 유기농 인증에 허용되지 않는 합성비료인 과린산석회와 인산암모늄을 생산하는 데도 인광석을 사용한다.

인광석 분말과 인산비료 제품 모두 가공되고, 생산하는데 환경에 영향을 미친다. 어느 쪽도 생물체에서 유래하지 않았는데 하나는 유기농이고 다른 하나는 그렇지 않다는 점이 이상하게 여겨진다.

인광석은 다른 암석 제품과 같은 문제가 있다. 토양이 강산성이 아닌 경우(pH 5.5 미만) 인광석은 물에 녹지 않는다. 즉, 인(P)은 식물이 쓸 수 있도록 토양으로 쉽게 방출되지 않는다. 오랜 시간 후에나—한 출처에 의하면 100년 후—일어날 일이다. 반면 과린산석회와 인산암모늄은 모두 잘 용해되며 인산염을 식물에 빠르게 방출한다.

혈분

혈분은 도축산업의 부산물로서 건조된 가축의 피이다. NPK가 13-1-0.6으로 유기농 인증기관에서 허용한 가장 높은 질소 공급원 중 하나이다. 다른 유기물과 달리, 이것은 빠르게 분해되어 몇 년이 아닌 몇 달 안에 영양소를 방출한다. 좋은 질소 공급원이지만, 다른 제품과 마찬가지로 토양구조를 개선하지 않는다.

유행 제품

정원산업에는 규제가 거의 없으며, 생산자는 제품에 대해 자유롭게 주장을 할 수 있을 뿐 아니라 효과가 없어도 된다. 이런 분위기 속에 다양한 유행 제품이 넘친다.

수년 동안 인기를 끌었던 비타민 B_1은 식물에 아무런 도움이 되지 않는 것이 이제 알려져 있다. 켈프*는 새롭게 사랑받는 제품인데 모든 종류의 근거 없는 효능을 홍보하는 제품이다. 생선비료, 퇴비차, 우유 및 당밀은 입증되지 않은 주장을 가진 다양한 제품 중 일부에 불과하다.

생선비료는 영양소가 들어있어 비료로 쓸 수 있다. 퇴비차는 퇴비로 만들어져 영양소를 함유하고 있지만, 들어있는 미생물이 토양에 우수한 영향을 미친다는 주장의 과학적 근거는 없다. 우유와 당밀은 모두 영양소로 분해되는 유기물 분자로 구성되어 있다. 이 제품 중 어느 것도 영양소를 공급할 뿐 특별한 효능을 보여주지 못했다.

시간이 지나면 이런 유행 제품 중 상당수는 광고처럼 효과가 없어 또 다른 새로운 아이디어 제품으로 대체된다. 실제로 모든 유기물은 본질에서 같으며, 시간이 지남에 따라 기본 영양소로 분해된다. 이들 중 하나의 특정 화합물이 식물 생장이나 토양 건강에 중대한 영향을 미친다는 과학적 근거는 제한적이다.

생리활성제

점점 인기가 있는 새로운 종류의 생리활성제는 '식물 또는 근권에 적

* 켈프(kelp)는 다시마과에 속하는 해조류(海藻類)로 낮은 온도에서 태운 재는 요오드 및 칼리의 원료로 쓰인다.

용할 때 자극하는 기능을 가진 물질 또는 미생물을 포함하는 것'이라고 유럽생리활성제 산업협회가 정의했다. 이것은 영양소 섭취, 양분 유효도, 비생물적 스트레스에 대한 내성, 작물 품질을 향상한다고 주장한다. 여기에는 아미노산, 펩타이드, 부식산, 해초 추출물, 프로바이오틱 박테리아, 코발트 및 셀레늄과 같은 특수 미네랄이 포함된다. 생리활성제는 과학적 근거가 거의 없음에도 불구하고 현재 뜨거운 주제이다.

제12장

미생물 문제 해결

토양 건강은 미생물의 문제라고 확신한다. 정원사로서 여러분의 목표는 역동적인 미생물 군집을 만드는 것이다. 정원사, 심지어 과학자에게도 미생물 군집을 식별하고, 정량화하는 것은 거의 불가능하다. 여러분의 토양에 어떤 미생물이 있는지 알기 어렵다.

여러분이 할 수 있는 최선은 토양을 보고 미생물에 대해 추측하는 것이다. 토양이 다져지지 않고 높은 유기물과 떼알구조에서는 활성화된 미생물 군집이 활동할 것이다. 여러분의 노력은 토양과 미생물 활동을 관리하여, 미생물 군집을 활성화하는 일이다. 이것들이 활성화될 거라는 믿음을 가져야 한다.

병원성 미생물은 식물에 시각적 증상을 유발하므로 쉽게 알 수 있다.

일단 이것들을 보면, 여러분은 이것들을 관리할 수 있다. 기생충이 아닌 미생물을 관리하려면 다음 지침을 따라라.

- 척박한 토양에도 많은 미생물이 살고 있다고 가정한다.
- 토양을 개선하여 미생물 다양성을 유도한다.
- 미생물의 먹이원인 유기물을 충분하게 유지한다.
- 토양을 촉촉하게 유지하고, 극단적인 온도 변화를 최대한 줄인다.

접종

수많은 회사가 건강한 미생물 군집에 대한 대중의 우려를 해소하는데 도움이 되는 제품을 개발했다. 미생물 한 병을 사서 토양에 뿌리면 미생물이 번성하고 건강한 토양을 만들 수 있다. 그러나 이러한 토양미생물 제제(제품)의 효과는 과학적 근거가 없다.

소비자로서 제품에 유익한 미생물이 들어있는지 또는 심지어 생존 가능성을 아는 것은 불가능하다. 최근 20개 이상의 상업용 제품을 대상으로 한 연구에 따르면, 일부는 광고한 미생물이 들어있지 않았다. 게다가 많은 경우 살아있는 미생물 수가 광고한 양에 훨씬 못 미치는 것으로 나타났다.

토양에 몇 가지 종류의 미생물이 없어 투입한다면, 토양 조건이 잘 맞아야 하고 기존 미생물과 경쟁에서 이겨야만 효과가 있을 것이다. 토양에 이미 존재하는 미생물의 양은 여러분이 투입하는 작은 양보다 훨씬 많다는 것을 기억하라. 대부분의 접종 미생물은 오래 살지 못한다.

콩과 식물에 공생하는 리조비움

리조비움Rhizobium은 콩과 식물과 공생관계를 맺어 질소고정 뿌리혹을 형성하는 세균이다. 관련된 종과 메커니즘은 꽤 잘 알려져 있으며, 그 효과가 증명되었다.

리조비움은 씨앗을 코팅하는 데 사용되는 접종제로 구매할 수 있다. 일단 토양에 들어가면 뿌리혹박테리아가 자라서 묘목과 공생관계를 형성한다. 지난 4년 동안 콩과 식물을 재배하지 않은 토양에 리조비움 접종을 권장한다. 리조비움속의 종들이 콩과 식물에 공생관계를 잘 형성하는가가 중요하다.

균근균

균근균*은 확실히 자연에서 중요한 역할을 하며, 대부분 식물과 유익한 관계를 만든다. 특히 이것은 인공토(펄라이트 등)와 온실에서 자란 식물에 유익한 것으로 나타났다.

수지상균근**을 이용한 곰팡이 접종은 인(P)이 낮은 토양에서 콩의 수확량을 늘리지만, 적절한 인 수준을 가진 토양에서는 이점이 없다. 이러한 접종은 산림녹화 과정에서 어린나무의 생존율을 높이는 것으로 나타났다. 또 새로 심은 포도의 생육과 수확량을 늘렸다. 각각의 경우에 실험을 통해 확인된 특정 종들이 숙주식물에서 작동한다는 것을 주목해야 한다. 즉, 적절한 숙주식물-균류의 짝짓기가 중요하다. 균근균이 식물

* 균근균(mycorrhizal fungi)은 기주식물과 함께 균근을 형성하는 사상균의 일종이다.

** 수지상균근(arbuscular mycorrhiza)은 식물과 공생관계를 형성하는 대표적인 예로서 식물의 영양소 개선, 스트레스 내성 증진, 토양 비옥도 개선에 도움을 준다.

생장을 줄이고 선충 감염률을 높일 수 있다는 연구도 있다. 여전히 이 균근균에 대해 배울 것이 많다.

관상용 식물이나 정원 토양에 균근균을 추가했을 때 이점에 대한 증거는 제한적이다. 균류 포자는 어디에나 있으며, 대부분 토양에 이미 있다. 토지개발사업 후에 남은 열악한 심토에는 균근균이 부족할 수 있다. 하지만, 이것보다 심토는 식물 생장에 적합하지 않아 토양에 접종해도 효과가 없다. 먼저 심토의 열악한 토양 문제를 해결해야 한다. 그러면 균근균이 자연적으로 발견된다.

프로바이오틱스

토양용 프로바이오틱스(유산균제제)는 우리 장을 위한 제품과 같다고 생각한다. 여러분이 사서 토양에 추가하는 미생물은 보통 세균 조합이다. 이 제품의 많은 과대광고는 우리 장내의 유산균 이점처럼 토양에 세균을 넣으면 비슷한 방식으로 식물에 도움이 될 것이라는 생각이다. 그러나 두 시스템은 완전히 다르다. 토양에서 프로바이오틱스의 긍정적인 결과를 보기 위해서는 매우 제한된 조건에서만 가능하다.

태양열 소독

토양 표면에 검은 비닐을 덮어 태양 열기로 병원균을 죽일 수 있는데 이를 태양열 소독이라고 한다. 햇빛이 좋은 날에는 토양온도가 몇 시간 만에 50℃까지 도달하며, 깊이 10cm까지 열이 전달된다. 토양온도는 기온보다 평균 10~15℃ 높다. 추운 기후에서 태양열 소독법을 쓸 수 있지만, 기간을 길게 해야 한다.

토양이 과습 상태가 되면 열전달이 더 잘 된다. 또 공기가 차단되면 환원 상태가 되어 곰팡이, 세균, 잡초씨앗에 소독 효과가 높아진다. 젖은 토양에서 곰팡이는 44℃에서 몇 시간 후에, 50℃에서 몇 분 후에 죽는다.

일부 내열성 곰팡이는 이 온도에서 생존할 수 있지만, 이것들은 병원성이 아닌 경향이 있다. 태양열 소독은 비병원성 미생물 개체군에게 유리하게 변화시키고, 살아남은 생물체는 새로 들어온 병원체와 더 잘 경쟁할 수 있다. 그러나 그 효과는 몇 달밖에 지속하지 않는다.

검은 비닐로 지표면을 덮고 그 아래에 양배추 쓰레기를 넣어두고 소독하면, 알데히드*, 이소티오 시아네이트**와 같은 독성 화학물질이 생성되어 병원균 사망률을 높일 수 있다. 태양열 소독 문제는 유익한 미생물도 파괴한다는 점이다.

병원균 제어

경운은 식물의 지상부를 공격하는 지표면 미생물을 제어할 수 있다. 어떤 경우에는 병원체를 태워 죽여 그 개체군을 통제할 수도 있지만, 그 병원체를 주변에 퍼뜨릴 잠재력도 있다. 무경운은 생물다양성이 늘어나 효과적인 병원균 제어 메커니즘이 될 수도 있다. 추운 기후나 높은 고도의 서늘한 토양에 심는 것도 질병 압력이 늘어날 수 있다.

씨앗은 심을 때, 특히 습한 환경에서 병에 잘 걸린다. 젖은 토양에 뿌려진 밀 씨앗은 피시움(모잘록병 병원균)에 감염될 가능성이 크다. 식물에

* 알데히드는 알코올이 불충분하게 산화되어 생긴다.

** 이소티오 시아네이트는 십자화과의 채소에 많이 들어있고 항암, 항균 및 살충작용을 한다.

너무 가까운 점적관개*는 선충 개체수가 노즐 근처로 모여 문제가 될 수 있다. 점적관개 노즐을 식물에서 떨어트리거나 매설하여 표면이 마를 수 있도록 하면 상황이 개선된다. 다른 경우에는 높은 수준의 토양수분으로 길항 미생물이 성장하고, 병원균과 경쟁하도록 한다.

병원체 제어는 복잡한 주제로 대부분은 병원체마다 다른 해법이 필요하다. 문제를 일으킨 병원체를 식별한 다음 해결책을 찾는다. 다음은 병원균을 제어하는 데 도움이 될 수 있다.

- 병이 없는 종자와 식물을 쓴다.
- 인증된 감자, 마늘 등 인증 프로그램을 이용한다.
- 검역 지침을 준수한다.
- pH를 조절한다.
- 작물을 윤작한다.
- 기생충을 공격하는 분해자(미생물)를 활성화하는 유기물을 늘린다.
- 뿌리혹선충에는 메리골드(천수국) 등 일부 생물체를 억제하는 식물을 쓴다.
- 내병성 품종을 고른다.

퇴비차

두엄차manure tea라고도 알려진 퇴비차compost tea는 토양개량재로 큰 인기를 끌었다. 퇴비차는 보통 퇴비 등을 일정한 기간에 물과 혼합하여 조제하는 액상 추출물이다. 매우 다양한 제조법이 있지만, 사람들은 이

* 호스에 1mm 이하의 구멍을 뚫어 한 방울씩 물을 주는 방법

것을 하나의 개량재인 것처럼 이야기한다. 이것이 실제로 무슨 작용을 하는지 또는 어떤 효과가 있는지 파악하기가 쉽지 않다.

퇴비차 제조 재료는 잡초, 식물쓰레기, 두엄, 퇴비 등 거의 모든 유기물이 될 수 있다. 그 제조법은 매우 다양하다. 어떤 사람들은 물을 넣고 며칠 동안 놔둔다. 이것은 보통 혐기성 분해를 초래하여 심한 악취가 난다. 다른 사람들은 제조 과정 중에 혼합물에 산소를 공급(공기 폭기)해야 한다고 생각한다. 이것은 AACT(활성폭기 퇴비차)라는 방법이다.

퇴비차의 이점은 다음과 같다.

- 영양소 수준 증가
- 식물병 감소
- 토양 미생물 증가

영양소 수준 증가

퇴비차 영양소는 이용한 재료 성분에 따라 크게 달라진다. 제조 과정에서 약간의 분해가 일어난다. 유기물 세포 내부에 갇혀있는 일부 영양소 이온이 나오지만, 대부분은 큰 분자로 묶여 있어 며칠간의 퇴비차 제조 과정에서 크게 변하지 않는다.

제조 과정은 영양소를 늘릴 수 없다. 물리적으로 불가능하다. 총 영양소는 투입된 재료의 영양소량과 같다. 퇴비차의 영양소 증가를 나타내는 연구는 보통 맹물과 비교한 것이다. 퇴비나 두엄이 맹물보다 더 많은 영양소를 가진 것은 놀라운 일이 아니다.

퇴비차를 제조하면 식물이 이용할 수 있는 영양소의 방출속도가 빨라질 수 있다. 이것이 중요하다고 생각하지만, 영양소 총량을 늘릴 수는 없다.

식물병 감소

퇴비차를 애용하는 사람들의 주장은 바로 식물에 뿌리면 퇴비차 안의 미생물이 병을 줄이는 데 도움을 준다고 말한다. 이 연구의 대부분은 투입하는 성분에 대한 통제력의 부족이다. 이러한 연구의 대부분은 퇴비차에 들어있는 미생물을 식별하지 못하므로 퇴비차 시비 전후의 미생물 개체군의 차이를 비교할 수 없다.

이것이 효과적으로 작동하려면 분무한 미생물이 잎 표면에 서식지를 형성해야 하며, 이를 위해서는 잎에 적절한 서식지가 있어야 한다. 혐기성 퇴비차의 미생물은 공기에 노출되면 죽을 가능성이 크다. 잎은 ㎠당 수백만 개의 미생물로 덮여 있으며, 서로 간에 경쟁이 치열하다. 잎의 토착 미생물이 뿌려진 퇴비차의 미생물을 능가할 가능성이 더 크다. 퇴비차는 특정 식물병을 억제할 수 있지만, 과학적 근거가 미약하다.

토양 미생물 증가

토양 미생물은 건강한 토양에 매우 중요하므로 사람들은 더 많은 미생물을 투입하면 토양이 개선되리라 믿는다. 퇴비차를 제조하면 곰팡이와 세균 개체수가 늘어난다. 문제는 어떤 종이 자라는지 아는 것이 거의 불가능하고, 대장균과 같은 병원체가 있을 가능성이 크다는 점이다.

유익한 미생물이 있더라도 퇴비차 안의 개체수는 토양 속의 미생물보다 훨씬 적다. 토양에 퇴비차를 뿌리면 퇴비차의 미생물이 먼저 새로운 환경에서 살아남은 다음 기존 미생물과 경쟁해야 한다. 유익한 미생물이 토양의 주요 미생물이 될 만큼 개체수가 늘어나 번성해야 효과가 있을 것이다.

토양에 뿌린 미생물이 생존할 것이라는 생각은 과학적 근거가 부족하다. 열악한 토양에서는 이들이 생존하기에 환경이 적합하지 않으며, 더 좋은 토양환경에서는 경쟁이 더 치열하다. 심도 있는 연구를 통해 유익한 특정 종을 확인할 수 있지만, 아직 우리는 거기에 미치지 못하고 있다.

미생물 개체수 증가를 위한 모범 사례

미생물 개체수를 늘리는 가장 좋은 방법은 기존 미생물이 더 잘 자라도록 환경을 개선하는 일이다. 만약 여러분이 건강한 토양을 만든다면 미생물은 늘어날 것이다. 토양의 질이 향상됨에 따라, 미생물이 알아 보고 번성할 것이다. 다음 사항은 모두 토양환경을 개선한다.

- 생유기물을 공급한다.
- 토양 다짐을 줄이고 떼알구조를 촉진하여 통기성을 높인다.
- 토양수분을 균질하게 유지한다.
- 멀치를 써서 가능한 한 25℃~37℃의 토양온도를 유지한다.
- 산성 토양은 pH를 올려 교정한다.
- 적절한 영양소를 제공하되, 과도한 양을 제공하지 않는다.
- 병원성 미생물에 대한 화학적 방제를 제한한다. 병원균을 죽이는 것은 유익한 미생물도 죽인다.

제13장

토양 유기물 증가

오늘날 농경지가 척박해지는 데는 토양 유기물 손실이 직접적인 원인이다. 토지를 경작하는데 적용되는 기술과 합성비료의 의존성 모두 유기물이 적은 토양을 만든다. 많은 신규 주택정원과 영세 농가의 토양은 대부분 이러한 상태이다. 유기물량을 늘리는 일은 건강한 토양을 만드는 가장 중요한 첫걸음이다. 안타깝게도 빠른 해결책은 없다.

유기물 시용 방법

어떤 것이 가장 좋은 유기물인가? 최상의 재료는 한 가지도 없으며, 가장 적합한 재료는 사용자의 여건에 따라 다르다. 그러나 아래 지침은 적합한 제품을 고르는 데 도움이 될 것이다.

- 저렴한 것이 좋다. 싼 것은 가공 과정이 단순하고, 운송 거리가 짧아 친환경적이다. 가장 저렴한 품목은 대개 유기성 산업폐기물이다.
- 현지에서 조달한 재료를 사용한다.
- 쉽게 분해되는 재료는 바로 미생물의 먹이원이 되어 더 좋다.
- 탈질비 30:1이 이상적이지만, 탄소값이 높은 재료에는 질소를 추가한다.
- pH 7의 중성이 가장 좋다.

유기물을 고르기 전에 여러분의 목표를 이해하기 바란다. 여러분이 해결하고자 하는 특정 문제가 있는가? 예를 들어, 나뭇재*는 칼륨이 많아서 칼륨이 부족하면 좋은 선택이 될 수 있다. 그러나 이것은 상당히 알칼리성이어서 높은 pH 토양에는 좋은 선택이 아니다.

식물에 영양소 공급을 얼마나 빨리해야 하는가? 대부분 유기물은 식물이 영양소를 빨리 흡수하지 않지만, 혈분**과 같은 것은 빨리 분해되어 흡수한다. 식물에게 빠른 먹이를 주고 싶다면 합성비료가 효과적이며, 장기적인 먹이가 되는 유기물을 조합하는 것이 좋은 해결책이다.

더 빨리 분해되는 유기물로는 어분魚粉, 다시마 분말, 액체 다시마 등이 있다. 영양소 배출이 매우 느린 것은 인광석, 녹사***와 같은 무기물

---

* 나뭇재는 나무 등을 태우고 남은 재로 탄산칼륨이 많이 들어있어 비료로 쓸 수 있다.

** 혈분은 도축산업의 부산물로 나온 가축 피를 말린 것으로 비료로 쓴다.

*** 녹사(greensand)는 해록석을 다량으로 함유한 모래로서 양이온교환용량(CEC) 개선 등에 효과가 있다.

대부분이다. 염분(소금)은 일부 유기물, 특히 두엄, 버섯퇴비, 바이오고형물*에 많이 들어있어 문제가 될 수 있다. 이러한 제품의 적합성은 염분농도와 사용량에 따라 달라진다. 소량 사용은 보통 문제가 되지 않는다. 상당한 양을 쓸 때는 재료 또는 토양검사를 받아야 한다.

다양성은 항상 옳다. 하나 이상의 영양소가 균형을 잃지 않게 하려면 다양한 재료를 쓰는 것이 좋다. 이것 또한 미생물의 다양성을 늘릴 수 있다.

퇴비

퇴비는 유기물을 늘리는 데 가장 좋은 선택이며, 특히 직접 만드는 경우 더욱 좋다. 토양에 투입하는 재료는 다양하지만, 분해 과정을 제어할 수 있다. 퇴비의 영양소는 보통 1-1-1로 낮지만, 토양구조를 개선하는 데 탁월하다. 대부분 가정에서 퇴비를 만들 때 잡초 씨앗과 병원균을 죽일 만큼 충분한 열을 발생하지 못한다. 시설이 완비된 곳에서 훨씬 높은 열로 인해 씨앗과 대부분의 병원균을 제거하여 퇴비를 만든다. 또 여기에 중금속을 검사하여, 안전성 인증과정을 거친다. 일부 퇴비에는 원재료에 사용된 제초제나 작은 플라스틱이 들어 있을 수 있다.

버섯퇴비

버섯퇴비는 버섯을 재배한 후 남은 폐배지를 원료로 만들어진다. 정원사들은 짚, 분뇨, 깻묵, 대두박, 칼슘, 석고, 석회 등 다양한 재료로 퇴

* 바이오고형물은 하수처리장, 제지공장 등에서 발생한 유기성 부산물을 말한다.

비를 만든다. 폐배지도 버섯 수확이 끝났을 때 남은 폐기물로 여전히 영양가가 높아 퇴비재료로 쓰인다.

버섯비료, 버섯수확후 배지SMS, 버섯수확후 폐상퇴비SMC 등 다양한 이름으로 부른다. 버섯 배지 사용 후 처리 방식에 따라 다르다. 어떤 것은 꽤 신선한 상태이고, 어떤 것은 썩기까지 몇 달 동안 방치된 것도 있다.

버섯퇴비에는 염류가 너무 많다는 우려가 있다. 이는 버섯의 생산성을 높이려고 비료분을 혼합하여 버섯 배지를 만들기 때문이다. 토양을 개량하기 위해 소량의 버섯퇴비를 쓰면 염류는 문제가 되지 않는다. 충분히 썩어 염류가 낮다면, 많은 양을 써도 문제가 되지 않고 좋은 선택일 수 있다.

또한 어떤 염류가 들어있는지 알아야 한다. 나트륨 농도가 낮고 다른 무기 영양염류 수준이 높다면, 식물에 적합한 재료이다. 버섯퇴비는 유기물과 영양소를 단기간에 토양에 공급하는데 탁월하다.

두엄

신선한 두엄은 저렴하고 쉽게 구할 수 있으며, 토양구조를 발달시키는데 뛰어나다. 신선한 두엄은 염류 함량이 많으며, 두엄의 소변은 질소 농도가 높다. 계분 등의 가금류 두엄이 특히 높다. 대부분 사람은 신선한 두엄을 몇 달 동안 놓아두어 과잉 염류가 밖으로 새어 나올 수 있도록 한다. 더 좋은 방법은 두엄을 식물과 멀찌감치 거리를 두고 뿌려 사용하는 것이다. 이러한 방법으로 침출 영양소는 토양에 저장되어 나중에 식물 이용에 도움이 된다.

말똥에는 깔짚이 다량 들어있고 염류가 적어, 다른 두엄보다 훨씬 빨리 사용할 수 있다. 원료에 따라 잡초 씨앗이 문제가 될 수 있다.

신선한 두엄의 영양소 비율(%)

종류	질소	인	칼륨	황	칼슘	마그네슘
젖소	0.5	0.2	0.4	0.05	0.3	0.1
육우	0.55	0.4	0.5	0.05	0.15	0.1
가금류	1.15	0.55	0.5	0.15	1.8	0.3
돼지	0.5	0.15	0.4	0.15	0.5	0.1
양	1.4	0.2	1.0	0.1	0.5	0.2
말	0.65	0.25	0.65	–	–	–

부엽토

낙엽은 탈질비(C/N)가 높아 천천히 분해되어 부엽토라는 부분적으로 분해된 물질을 만든다. 이것은 좋은 토양개량재나 멀치 재료로 쓸 수 있다.

짚과 건초

짚과 건초는 많은 지역에서 쉽게 구할 수 있으며, 채소밭에서 훌륭한 멀치 재료로 쓰인다. 이 재료는 탈질비가 높지만, 멀치로 써도 문제가 되지 않는다. 다만 토양 속에서 잘 퇴비화하지 않아서 개량재로는 썩 좋지 않다. 씨앗 발아를 억제할 수 있는 잔류 제초제에 대한 우려가 있다.

이 재료는 천천히 분해되고 기후에 따라 1~2년마다 교체해야 한다. 건초는 잡초 씨앗이 더 많지만, 질소 함량이 더 높다고 보고되었다. 이것을 10~15cm 두께로 깔아 이용할 때 실제 잡초가 발생하지 않았다.

폐목재

나뭇조각(칩)에서 톱밥에 이르기까지 다양한 형태로 만들어진 폐목재는 유기물을 늘리는 데 쓸 수 있다. 이 재료는 영양소가 적고 탈질비가 매우 높아 분해가 늦다. 질소 함량이 적으므로 다른 질소 공급원이 부족하면 분해가 되지 않아 토양의 일부가 되지 않는다.

이 때문에 가장 흔한 멀치 재료로 쓰인다. 톱밥은 멀치로 쓸 수 있지만, 입자가 너무 미세하여 물이 스며드는 것을 방해할 수 있다. 나뭇조각(칩)이나 톱밥을 멀치로 쓴다면 부숙할 필요가 없다. 이 재료는 매우 느리고 지속해서 영양소를 제공한다. 이것의 이점은 토양에 탄소를 저장한다는 점이다.

식물성 사료

토양개량재로 인기 있는 식물성 사료가 몇 가지 있는데 대표적으로 대두박*, 목화씨깻묵, 알팔파 가루 등이 있고 모두 영양가가 높다. 이것들을 곱게 갈거나 잘라 판매하여 토양에 뿌리기 쉽다.

이 재료들은 다른 것보다 질소 함량이 높아서 씨앗 발아를 억제할 수 있다. 이 재료는 고도로 가공되어 다른 유기물보다 분해가 빨라 약 1년간 영양소를 공급한다. 어떤 사람들은 이것을 유기물 공급원이라기보다 비료에 가깝다고 본다. 이것들은 토양구조를 개선하는 데는 좋지 않으며, 잡초는 없다.

---

* 대두박은 대두(콩)에서 기름을 짜고 남은 부산물로 우수한 식물성 단백질이라서 토양 영양소 공급에 유리하다.

농산물 찌꺼기

옥수숫대, 사과 찌꺼기*, 왕겨, 코코아콩 껍질, 땅콩껍질 등 많은 농산물 가공과정에서 나온 농업부산물은 유기물 공급에 좋은 선택이다. 거칠게 만든 재료는 멀치 효과가 좋으며, 미세한 재료는 멀치로 사용시 빠르게 분해되어 토양 유기물이 될 수 있다.

이 재료의 탄질비를 확인하고, 비율이 높으면 사용 시 질소를 추가한다.

피트모스

피트모스는 일부 분해된 물이끼 식물체이다. 대개 이것은 습지나 늪에서 물이끼가 죽어 바닥에 쌓여 습윤한 혐기성 상태에서 분해되어 만들어진다. 피트모스는 다양한 물이끼가 습지 등에 쌓여 형성되지만, 피트(이탄)는 다른 식물로도 만들어진다.

토양의 오해와 진실: 피트모스는 토양을 산성화한다.

피트모스는 pH가 매우 낮아서 토양 산성화에 이용한다. 하지만 알칼리성 토양에 섞으면 토양의 완충능력은 피트모스의 산도를 빠르게 중화하여, 1주일 이내에 토양 pH가 원래상태로 돌아온다. 피트모스는 토양을 산성화하는데 그리 효과가 크지 않다.

이 재료를 피트모스 늪지에서 채굴하는 과정은 꽤 파괴적이다. 많은 사람이 이제 이것을 채취하는 것이 친환경적이지 않다고 믿는다. 하지만 현실은 우리의 피트모스 사용량 속도보다 100배 빨리 늘어나고 있다는 점이다. 세계의 피트모스 매장량은 고갈되지 않았고, 야자섬유와

* 사과찌꺼기는 사과주스를 짜고 난 뒤에 남는 찌꺼기이다.

같은 대안들은 더 친환경적이지 않다.

육묘용이나 컨테이너 재배용으로 피트모스 이용은 환경적으로 허용될 수 있다. 정원과 농장에 유기물을 투입하기 위해 피트모스를 쓰는데 이것이 비록 토양개량에 효과적이라도 건전한 관행은 아니다. 다른 유기성 폐기물을 사용하는 것이 바람직하다.

피트모스는 토양에 유기물량을 늘리지만, 매우 높은 산성이고 영양소가 거의 없다. 소재가 가볍고 바람에 쉽게 날아가 멀치 재료로 좋지 않다.

야자섬유

코코넛 산업의 부산물인 야자섬유coir*는 잘게 썰어 판매된다. 이것은 토양에 혼합하면 함수량이 늘어나서 토양개량재로 쓰인다.

이 제품의 문제는 친환경적이지 않다는 점이다. 천연 상태에서는 나트륨 함량이 높으며, 야자섬유의 생산 과정에서 많은 물이 있어야 하기 때문이다. 이 처리 작업은 주로 인도와 스리랑카에서 이루어지는데 이 지역의 담수 자원에 상당한 환경 피해를 주고 있다. 또 여러분의 정원에 도착하기 위해 먼 거리를 운송해야 한다. 비록 코코넛 열매껍질 폐기품을 활용하여 친환경적인 것처럼 들리지만, 이 경우에는 그렇지 않다.

피복작물

녹비綠肥라고 하는 피복작물은 생유기물과 영양소를 토양에 공급하기 위해 심어진다. 토양을 덮고 있어 잡초 발아를 방지하며 토양 침식을 줄

* 코코넛 섬유, 코이어라고도 불리며, 주로 산책로에 까는 야자매트가 이것으로 만들어진다.

인다. 작물을 재배하지 않을 때는 언제든지 피복작물을 심는 것을 고려해보라.

다양한 식물들을 피복작물로 쓸 수 있다. 이것들은 대개 쉽게 싹이 트고 빨리 자라서, 유지관리와 비료가 거의 필요하지 않다. 콩과 식물은 토양에 질소를 축적하므로 더 좋은 선택이다. 추운 겨울에 죽거나 봄 작물을 심기 전에 제거하기 쉬운 것을 피복작물로 쓴다.

타감효과가 있는 피복작물로 잘 알려진 예로는 호밀, 헤어리베치, 붉은토끼풀, 수단그라스, 그리고 십자화과 식물이 있다. 한 연구에서는 호밀 잔여물을 멀치로 썼을 때 콩, 담배, 옥수수, 해바라기 등의 다양한 작물을 키우는 동안에 이른 봄철 잡초를 80~95% 정도 막는다고 밝혔다.

피복작물을 선택할 때는 생육 종료 시점을 고려해야 한다. 1년생 식물은 겨울에 죽고 이른 봄에는 자라지 않는다. 그러나 어떤 식물은 봄까지도 자라서 작물을 심기 전에 화학적 또는 기계적 방법으로 제거해야 한다. 대부분 경우에 피복작물은 씨앗이 생기기 전에 제거하여, 이것이 잡초로서 문제가 생기지 않도록 해야 한다.

피복작물을 선택하기 전에 주요 목표를 명확히 하라. 토양에 질소를 공급할 것인가? 가능한 한 많은 유기물을 생산하려는 것인가? 특별한 해충을 관리할 필요가 있는가?

지역 환경도 중요하다. 추운 기후에서는 피복작물의 생육 기간이 짧아져, 선택의 폭이 넓지 않다. 따뜻한 기후에서 피복작물은 작물보다 더 오래 살 수 있다.

제거 방법도 관건이다. 일부 피복작물은 가을에 잘 자라다가 겨울에 죽어서 따로 제거할 필요가 없다. 다년생은 작물을 심기 전에 제거해야 한다. 그렇지 않으면 잡초가 되어 작물과 경쟁하게 된다.

다양한 피복작물의 장단점

녹비작물	유형	특징
진홍토끼풀 (Crimson clover)	겨울형 한해살이*, 콩과 식물	따뜻한 기후에 적합하며 상당한 질소 공급
경협종완두 (Field pea)	겨울형 한해살이, 콩과 식물	빠르게 지표면을 덮고 한랭한 지역에서 잘 자라고 상당한 잔여물 생성
헤어리베치 (Hairy vetch)	한해살이, 콩과 식물	추운 기후에 잘 견디고 생물량이 상당히 많고 분해가 빠름
이집트토끼풀 (Berseem clover)	여름형 한해살이, 콩과 식물	빠르게 피복하고 밀도가 높고 가뭄에 강함
동부콩 (Cowpea)	여름형 한해살이, 콩과 식물	더운 기후에서 잘 자라고 뿌리가 깊게 들어가 가뭄에 강함
벨벳콩 (Velvet bean)	여름형 한해살이, 콩과 식물	덩굴성으로 두꺼운 피복층을 생성
알팔파 (Alfalfa)	다년생 콩과 식물	배수가 잘되는 토양에서 잘 자라고 토양 비옥도가 높아짐
왕관갈퀴나물 (Crown vetch)	다년생 콩과 식물	배수가 잘되는 토양이 필요하고 천천히 자람
붉은토끼풀 (Red clover)	다년생 콩과 식물	왕성하게 자라고 겨울을 잘 견디고 쉽게 조성 가능
풀전동싸리 (Sweet clover)	다년생 콩과 식물	왕성하게 생육하고 경화된 토양에 잘 자라고 가뭄에 강함

* 겨울형 한해살이(winter annual)는 1년의 생활사 주기 중 겨울이 끼어있는 한해살이 식물이며, 가을에 발아하여 겨울을 지내고 봄에 꽃을 피우고 결실을 한 후 죽는다. 여름형 한해살이(summer annual)는 봄에 발아하여 겨울에 결실하고 죽는 식물이다.

토끼풀 (White clover)	다년생 콩과 식물	키가 낮고, 생육기간이 짧고 내음성이 강함
곡류 (Cereals)	목초	물질순환 촉진, 광범위한 근권 발달, 다량의 잔여물, 높은 탄질비
호밀 (Winter rye)	목초, 한해살이	겨울철에 잘 자라고 잔여물이 잡초 억제 효과
귀리 (Oats)	목초, 두해살이	겨울에 생육이 미흡하나 겨울철 토양 침식 방지
쥐보리 (Annual ryegrass)	목초, 한해살이	가을에 잘 자라고, 광범위한 근권을 형성, 상당히 잘 자람
수단그라스 (Sudangrass)	목초, 여름형 한해살이	왕성하게 자라서 잡초 억제 효과
메밀	여름형 한해살이	서리를 맞으면 죽으며, 낮은 비옥도에 적합. 빠르게 자람
유채류	한해살이/두해살이	경화된 토양에서 광범위한 근권을 형성하고, 토양 비옥도를 높임

지렁이분 퇴비

지렁이분 퇴비vermicompost는 지렁이가 부엌의 음식 찌꺼기, 두엄 등 다양한 유기물을 먹고 소화한 후에 배설한 것이다. 이것에는 많은 세균과 부분적으로 분해된 유기물이 들어있다.

상업용 지렁이분 퇴비의 NPK값은 약 2-4-1로 일반 퇴비보다 인(P) 성분이 훨씬 많다. 이 제품을 쓸 때는 토양에 인 농도가 너무 높아지지 않도록 주의한다.

소규모 농장은 자체적으로 지렁이분 퇴비를 생산할 수 있다. 농장이나 다른 지역에서 투입 재료를 얻을 수 있으며, 특히 따뜻한 기후에서는 지렁이를 비교적 쉽게 관리할 수 있다.

보카시 퇴비

북미와 유럽에서 보카시bokashi는 집에서 음식물 찌꺼기 등의 유기물을 퇴비로 만들기 위해 쓰인다. 세계의 대부분, 특히 아시아에서 보카시는 훨씬 더 큰 규모로 만들어진다. 퇴비화 과정이라고 하지만, 이것은 실제 발효 과정이다*. 유기물에 유용미생물**을 섞어 혐기 상태에서 발효시킨 후 토양에 직접 넣거나 퇴비 더미에 혼합한다. 이 과정에서 만들어진 보카시차bokashi tea라는 액체는 비료로 쓰인다.

보카시는 기존 퇴비화보다 발효 과정에서 이산화탄소 배출량이 적어 환경에 더 좋고, 토양에 탄소를 더 많이 축적한다. 전통적인 퇴비화 과정에서는 많은 유기질소가 대기로 사라진다. 보카시는 발효 과정에서 질소를 거의 필요로 하지 않아서 결국 더 많은 질소가 토양으로 들어가게 된다. 보카시의 pH는 약 4로 낮다.

보카시 퇴비가 일단 토양에 들어가면 어떻게 되는지 명확하지 않다. 퇴비처럼 천천히 분해되는지, 아니면 영양소가 훨씬 빨리 방출하는지? 이처럼 흔히 말하는 발효 과정이 잘 이해되지 않는 점에서 연구가 더 필요하다.

---

* 발효 과정과 퇴비화 과정(또는 부숙 과정)은 분해 과정과 그 결과물에서 차이가 난다. 발효는 산소가 없는 조건(혐기 상태)에서 미생물(효모, 젖산균 등)이 유기물을 분해하여 알코올이나 젖산을 생성해 에너지를 얻는 과정이며 맥주, 요구르트 등과 같은 우리의 생활에 유용한 물질을 만들어낸다. 퇴비화는 미생물(세균과 진균류 등)을 이용하여 산소가 있는 조건(호기 상태)에서 식물체, 분뇨 등의 유기물을 분해하여 부식질 등의 토양에 유익한 산물을 만드는 과정이다.

** 유용미생물(Effective Microorganisms, EM)은 자연계에 존재하는 수많은 미생물 중 유익한 미생물을 조합, 배양한 미생물 복합체를 말한다.

바이오차

바이오차biochar는 수천 년 동안 친환경적으로 탄소를 저장하는 동시에 토양개량재로서 많은 이점을 지닌 특별한 종류의 숯으로 홍보되고 있다. 이것은 완벽한 제품처럼 들린다.

바이오차에 대한 이점은 다음과 같다.

- 농작물 수확량 증대
- 비료 유효도 증대
- 오염물질 및 농약 제거
- 기후변화 완화
- 토양수분 증가
- 토양 pH 상승
- 토양 미생물군 증가
- 토양의 교환성 양이온 증가

이런 주장을 하는 대부분의 연구 결과는 인공적인 시스템을 이용하여 실험실에서 이루어진 것이다. 현장실험은 거의 이루어지지 않았다. 그래서 바이오차가 실제 토양에서 무슨 기능을 하는지 잘 모른다.

숯과 바이오차 모두 화학물질을 흡수한다. 이것들은 양전하를 붙잡는 양이온교환용량CEC을 늘린다. 만약 숯과 바이오차가 농약이나 영양소 모두 흡수해 버린다면 이것들의 유효성을 떨어뜨려 식물에 오히려 해로울 수 있다. 흡착성이 강하여 화학물질 제거에 쓰이는 활성탄은 한계점에 도달하면 교체가 필요하다. 시간이 지나면서 토양에 들어간 바이오차도 효과가 떨어질 것이다.

바이오차는 토양의 pH를 높이고 보수력을 늘리지만, 알칼리성 식질토에서는 둘 다 이롭지 않다. 이것은 토양 미생물을 늘리는 데 효과적이다. 최근 기존 문헌을 검토한 연구에서 바이오차 연구의 절반이 작물 수확량이 늘어났다고 보고한 반면, 20%는 감소, 30%는 변화가 없다고 결론 내렸다.

숯과 바이오차의 차이점은 무엇일까? 이것은 명확하지 않다. 일부 문헌은 바이오차가 고온에서 만들어져야 한다고 말하지만, 일부 사람들은 동의하지 않는다. 캘리포니아·데이비스 대학UC Davis의 바이오차 데이터베이스에서는 바이오차가 주로 토양개량에 쓰이는 숯이며, 난방에 쓰이지 않는다고 한다. 다른 문헌에서는 제조법이 아닌 쓰임새에 따라 정의된다고 한다.

분명한 점은 다양한 제품이 만들어져 있어 유효한 제품을 소비자가 구매하기 어렵다는 점이다. 현재 바이오차는 주목을 받는 제품이지만, 토양개량재로 그리 높게 추천하지 않는다.

바이오고형물

바이오고형물biosolids은 하수처리장에서 발생하는 부산물인 하수슬러지로 만들어진다. 하수슬러지를 단독으로 써서 만들거나 나뭇잎이나 다른 유기물과 함께 섞어 퇴비를 만들 수 있다. 선진국에서는 이 부산물이 많이 발생하지만, 사용을 꺼린다.

바이오고형물에는 중금속, 병원균, 염류 등이 상당히 들어있다. 이 재료의 활용성을 높이기 위한 노력의 하나로 검사하여 등급을 나누고 있다. A급 바이오고형물은 분변대장균, 살모넬라, 중금속이 없다는 것을 보장하지만, 화학 오염물질에 대한 검사는 제한적이다. 미국 환경보호국EPA은 이것을 농장이나 정원에서 쓸 수 있도록 승인했다. 유럽의 규제는 더 엄격한 편이다.

바이오고형물을 써서 생산된 작물은 먹어도 안전하다는 연구 결과가 무수히 나왔지만, 유기농 인증 농장에서 사용이 허용되지 않는다. 이 재료를 사용하기 전에 염류 농도를 확인해야 한다.

제14장

토양 물리성 문제 해결

이 장에서는 토양다짐, 배수 문제, 토성 개선 등 몇 가지 물리성 문제에 관해 설명한다.

토양다짐(답압)

토양다짐을 관리하는 가장 좋은 방법은 애당초부터 다짐을 막는 일이다. 토양에 압력을 주는 모든 행위를 줄이거나 제거해야 한다. 대상지 상황에 따라 최적의 방지책은 달라질 수 있다. 새로운 부지나 일년생 작물을 재배하는 곳은 기존 녹지와는 다르게 다루어야 한다. 낙엽층 등으로 지표면 다짐을 막는 자연적인 방법이 효과적이다. 이 방법으로 토양 다짐이 너무 심해져 식물과 토양 미생물이 더는 번성할 수 없다면, 경운 등의 기계적 수단을 고려해야 한다.

심토경운(쟁기질)

심토경운subsoiling의 목표는 식물과 표토에 최소한의 교란으로 토양을 경운하는 것이다. 이 방법은 토양에 깊게 넣어 끌어당기는 갈고랑이 모양의 심토경운기subsoiler 또는 리퍼*라는 특별한 장비로 이루어진다. 심토경운은 퇴비가 토양에 뒤섞이는데 통상 쓰인다.

이 작업의 효과는 토양 특성, 장비 유형, 쟁기질 속도 등 많은 조건에 좌우된다. 상황마다 다르게 평가해야 하고, 해당 분야의 전문가 자문이 필요하다.

에어레이션

에어레이션aeration은 압축 공기를 토양에 분사하여 다져진 토양을 부드럽게 하는 기술이다. 특히 이 기술은 기존의 경운보다 빠르고, 수목의 뿌리 손상이 훨씬 적다. 그 기술은 좁은 구역에 적합하다.

로타리경운

토양다짐이 너무 깊지 않다면, 로타리경운rotary tillage은 새롭게 조성지에서 다짐을 개선하는데 효과적일 수 있다. 작업할 때 유기물이나 모래도 토양에 섞을 수 있다.

---

* 리퍼(ripper)는 단단한 토양을 파내는 갈고랑이 모양의 쟁기가 달린 기계이다.

코어 에어레이션

약 8cm 깊이의 토양을 제거하는 코어 에어레이션core aeration은 잔디밭에서 흔히 쓰이는 통기 작업이다. 그런 다음 구멍은 유기물로 채우거나 그대로 둔다.

무기질 개량재

기존에 단단하게 다져진 토양의 용적밀도를 낮추기 위해 모래와 같은 개량재를 섞을 수 있다*. 코넬대학의 연구에서는 상당한 효과를 얻기 위해 부피당 70%의 모래를 혼합해야 한다고 밝혔다. 이 모래는 중간사(입경 0.25~0.5mm)에서 조사·극조사(0.5~2mm)의 균일한 크기를 가져야 한다. 그래야 작은 토양입자들이 공극을 막지 않는다.

유기질 개량재

토양을 개량하는 데 유기질 재료를 쓸 수 있지만, 식재구덩이에만 국한하지 말고 더 넓은 구역까지 섞어야 한다. 토양다짐을 효과적으로 개선하기 위해서는 이것을 부피당 최소 25% 수준으로 약 45cm 깊이까지 혼합해야 한다.

멀칭

토양에 유기물을 까는 멀칭은 다져진 토양 상태를 개선하는 데 느린 방법일 수 있다. 하지만 매우 효과적이며 기존 식재 지역에 가장 적합한

---

* 토양다짐이 심한 토양은 공극이 줄어들어 용적밀도가 높고, 반대로 부드러운 토양은 용적밀도가 낮다.

방법이다.

배수 문제

모든 배수 문제의 해결은 원인을 이해하는 것에서부터 시작된다. 폭우 기간과 폭우 후 빗물의 움직임을 관찰하라. 빗물이 원치 않은 방향으로 흐른다면 물길을 우회시킬 수 있는가? 가능하지 않다면 그 구역에서 빗물을 스며들게 하는 방법을 찾아야 한다.

홍수는 식질토나 다져진 토양에서 흔히 일어나는데 빗물이 매우 천천히 스며들기 때문이다. 땅속으로 침투하는 대신 지표면으로 흘러 저지대에 모인다. 토양구조를 개선하여 빗물 침투를 늘리면 유출량이 줄어든다. 또한 멀칭은 지표면으로 흐르는 빗물의 이동을 늦춰 침투량이 늘어난다.

기울기 조정

실제 지표면기울기를 측정하여 땅의 반반한 정도를 확인한다. 사람의 눈은 부정확하므로 경사계를 써서 측정해야 정확하다. 배수가 불량한 곳에서는 기울기를 조정해 물길을 돌리면 많은 배수 문제를 해결할 수 있다. 때에 따라서는 작은 둑이 필요할 수도 있다.

지하 배수구

빗물을 지하로 모아 배수하려면 지표면 아래에 30~45cm의 유공관*

---

* 유공관(有孔管)은 작은 구멍이 나 있는 플라스틱 파이프로서 땅속에 묻어 배수를 촉진하는 용도로 쓴다.

을 심어 지하 배수구(암거)를 설치한다. 토양에 스며든 빗물은 지하의 유공관에 모인다. 빗물이 흐르도록 유공관을 비스듬히 설치하며, 보통 배수구나 연못에 흐르도록 한다.

캐나다 온타리오Ontario와 미국 중서부의 농장들은 봄비를 배수시키고 더 일찍 작물을 심을 수 있도록 이 배수시스템을 쓴다. 또 집 주변이나 조경공간 지하 배수구를 설치해 빗물 배수를 촉진한다.

표면 배수구

포장도로에서 낮은 곳으로 물이 모이는 빗물받이와 비슷한 표면 배수구를 설치할 수 있다. 이것을 지하 배수구와 연결해 빗물을 제거한다. 표면 배수구의 장점은 빗물이 토양에 스며들 필요가 없으므로 식질토나 다져진 토양에서 잘 작동한다는 점이다.

침투암거

침투암거dry well는 깊게 웅덩이를 파서 이쪽으로 빗물을 모아 땅속으로 스며들게 하는 방법이다. 이 방법은 협소한 지역에 빗물이 고일 때 잘 작동한다. 목적에 맞게 우물처럼 돌로 쌓아 만들거나 돌을 채운 유공관을 삽입해 지하에 공간을 만든다. 지표면에 과다한 물이 이곳으로 흘러 들어와 지하로 스며들어 지표면의 토양은 적당한 수분을 유지한다.

틀밭

틀밭의 이점은 지표면보다 높고, 토양공극이 많아 배수가 잘된다는 점이다. 이것은 식물에 효과가 있지만, 틀밭 사이의 통로로 빗물이 흘러가는 경향이 있다. 통로 아래에 암거를 설치하는 것이 도움이 될 수 있다.

경반층 개선

경반층hardpan은 딱딱히 굳어진 토층 또는 암석이 토양 표면 아래에 존재하는 상태를 말한다. 이것은 배수를 방해하여, 그 위의 토양을 항상 젖게 한다. 원인과 해결 방안은 천차만별일 수 있기 때문에 전문가를 불러 상황을 파악하는 것이 최선이다.

경반층이 지나치게 깊으면 그 위에 지하 배수구(암거)를 설치한다. 대안적인 해결책은 경반층을 제거하거나 최소한의 균열을 만드는 것이다. 깊은 쟁기질이나 브로드 포크삽broadfork이 효과적일 수 있다. 더한 경우에는 경반층을 드릴로 뚫어야 한다. 어떤 경우에는 경반층에 유기물을 섞어 천천히 부드럽게 하거나, 석회를 섞어서 산성 토양의 pH를 조절하기도 하고, 석고를 투입하여 경반층을 천천히 분해한다.

주수수위

토양으로 물이 스며들면서 지하에 물웅덩이와 같은 대수층이 만들어진다. 경반층과 같은 불투수층이 지표면 가까이에 생기면 이 대수층이 높은 지하수위를 만드는데 이것을 주수수위宙水水位, perched water table라고 한다. 이 수위는 계절에 따라 변하는데 때때로 과도한 빗물과 눈이 지하로 흐르면서 배수불량 상태가 되어 문제를 일으킨다.

구릉지의 저지대에서 주수수위가 문제가 된다. 높은 지하수위는 두 가지 해결책이 있는데 흙을 쌓거나 지하수위를 낮추는 것이다. 불투수층을 제거하고 암거를 설치하면 충분히 수위가 낮아져 식물이 자랄 수 있다. 흙을 들여 쌓는 성토 비용이 많이 들지만 효과적이다.

가장 좋은 해결책을 찾기 위해 먼저 계절 내내 지하수위를 알아봐야 한다. 식물이 겨우 자랄 수 있을 정도로 지하수위가 낮다면, 갈수기에 높은 지하수위는 사실상 장점이 될 수 있다.

토성 개선

이상적인 토양은 모래 40%, 미사 40%, 점토 20%의 비율을 갖지만, 이런 토성은 흔하지 않다. 이러한 비율로 바꾸려면 부족한 대량의 재료를 혼합해야 하므로 실용적이지 않다. 제일 나은 선택은 토성에 적합한 식물을 기르는 것이다. 토성이 극단적일 때 유기물 혼합은 큰 도움이 된다.

식질토

점토 비율이 높은 식질토는 특히 너무 축축하거나 건조할 때 작업하기 어렵다. 즉, 건조할 때 딱딱하게 굳은 흙덩어리가 되며, 젖으면 끈적거려 큰 흙덩어리가 만들어진다. 이 토양으로 작은 씨앗을 키우는 묘상苗床을 만들기가 어렵다. 긍정적인 면으로는 점토는 보수성이 좋고 영양소를 저장한다.

새롭게 식재 전에 전체 지역을 개량하는 것이 가장 좋다. 식재구덩이만 개량하는 것은 적절치 않다. 이 방법은 사실상 토양 속에 작은 용기를 만드는 격이기 때문이다. 전체 지역에 유기물을 토양 15cm 깊이까지 섞어 개량한다. 무거운 식질토와 유기물을 잘 섞는 것이 어렵지만, 그 효과는 지표면부터 나타날 것이다.

정원식물이 자라는 기존 식재공간은 손쉽게 개량할 수 없으므로 유기물 멀치를 까는 것이 좋다. 퇴비와 두엄은 토양에 더 빨리 흡수되므로 가장 좋은 선택이지만, 잡초를 번성하게 하는 경향이 있다. 목재칩은 잡초 예방에 훨씬 좋으나, 토양에 분해되어 토양을 개선하는 데 몇 년이 걸린다.

모래 혼합

점토에 모래를 섞으면 콘크리트가 된다고 믿는 사람도 있다. 콘크리트는 시멘트가 있어야 하므로 그런 일은 절대 일어나지 않는다. 사람들이 말하려는 것은 점토에 모래를 섞으면 일하기가 더 어려워진다는 점이다. 이에 대한 수많은 사례 보고가 있지만, 이를 검증한 연구는 없다. 많은 종류의 점토와 모래의 조합에 따라 그 결과는 달라질 수 있다.

영국, 유럽, 미국 동부에서는 식질토에 모래 혼합이 일반적이며, 토양이 단단해지는 문제는 없어 보인다. 나는 3곳의 다른 정원에서 이 방법으로 식질토 개량에 성공했다.

토성삼각도에는 점토와 모래의 모든 가능한 조합이 있지만, 콘크리트처럼 단단한 형태의 토성은 어디에도 없다. 큰 흙덩어리를 만드는 무거운 식질토에 모래 혼합은 점토 간의 응집력을 약하게 만들어 경운을 쉽게 만든다. 입자 크기가 큰 0.5~1mm의 거친 모래coarse sand가 가장 효과적이다. 이 모래는 떼알 형성과 비옥도 개선에는 도움이 되지 않지만, 몇십 cm 깊이까지 모래 혼합은 식질토 작업을 훨씬 쉽게 만들 수 있다.

석고 혼합

식질토에 석고(황산칼슘)를 혼합하는 것은 토양입자간의 응집력을 깨트려 다루기 쉬워진다고 조언한다. 석고는 소위 말하는 클레이 버스터 clay-buster 제품의 주요 성분이다. 이것은 잘못된 오해이다. 나트륨성 토양에 많이 들어있는 나트륨 이온은 점토 응집력을 깨트리는 효과가 있다. 석고 속의 칼슘은 토양에서 유출되는 나트륨 이온을 대체하여 나트륨성 토양의 구조를 개선한다. 이것 또한 알루미늄의 독성 수준을 줄이는 데 도움이 된다. 석고는 나트륨 함량이 정상인 토양에는 거의 영향을 미치지 않는다.

석고는 다음과 같은 해로운 영향을 토양에 미칠 수 있으므로 토양검사에서 나온 권장 사항에 따라 석고를 사용하기를 바란다.

- 철분 및 망간 침출량 증가
- 산성 토양에서 마그네슘 결핍을 일으킴
- 균류 활성화 억제

사질토

사질토는 3가지 큰 문제가 있다. 소공극이 부족하여 수분이 빨리 빠져나가 식물이 가뭄을 타기 쉽다. 모래 성분은 양이온교환용량CEC이 낮아 영양소가 달라붙지 않고, 시비한 비료분은 빠르게 씻겨 유출된다. 먹이원이나 수분이 없어 미생물 개체수가 적다.

이러한 문제의 분명한 해결책은 점토를 혼합하는 것이지만, 많은 양이 필요하므로 실용적인 해결책이 아니다. 점토와 모래를 섞어 좋은 구조를 만들기도 어렵다. 이 문제 모두 유기물량을 늘림으로써 해결할 수 있다. 새로운 식재지는 10cm 두께의 퇴비를 토양에 섞는다. 정원식물이 자라는 기존 식재지에는 목재칩보다 더 쉽게 분해되는 퇴비나 두엄을 깔아 사질토 문제를 개선한다.

바이오차biochar는 또 다른 선택이다. 이것은 보수력을 늘리고 양이온 교환용량(CEC)이 높아 영양소를 저장하는 능력이 뛰어나다. 이 제품은 유기물보다 토양에 장기적인 이익을 제공한다는 장점이 있다. 바이오차를 쓴다면, 천천히 분해되어 식물과 미생물에 영양을 공급하는 유기물과 함께 사용하기를 권한다.

제3편

건강한 토양을 위한 실행계획

제15장

토양건강 개선을 위한 계획 수립

지금까지 앞장에서 토양의 기초와 문제에 대해 광범위한 정보를 제공했다. 아는 것보다 여러분의 실천이 무엇보다 중요하다. 다음 단계는 토양건강을 개선하기 위한 계획을 세우는 일이다.

이 장에서는 대상지의 개별 토양건강 개선을 위한 계획수립을 작성하는 절차를 안내한다. 17장은 토양건강평가시 현재 토양 상태의 정보수집에 도움이 된다. 18장은 토양건강 실행계획에 대한 목표를 세우고, 실천하기 위한 조치사항을 결정하기 위한 것이다.

토양의 몇몇 특성을 바꾸는 일은 느린 과정이므로 몇 년이 걸리거나 심지어 평생이 걸리는 반복적인 과정이다. 예를 들어, 떼알구조를 만드는 데 몇 년이 걸리며, 급하게 서두를 수는 없다. 대부분 사람은 시간이나 경제적인 제약 때문에 한꺼번에 모든 것을 할 수 없어, 그 과정은 느릴 수밖에 없다.

매년 토양건강평가를 시행해야 연도별 개량 수준을 추적할 수 있다. 이것으로 개량된 분야와 여전히 더 작업이 필요한 분야를 알 수 있다. 토양건강을 평가한 후 조치사항을 검토하여, 더 필요한 사항을 변경할 수 있다.

이 절차를 실행하면서 토양건강평가 양식(부록 A 참조)에 반드시 기록을 남겨야 한다. 전자 양식의 경우는 장소별 특성에 맞게 수정할 수 있으며, 종이 낭비를 줄일 수 있다.

제16장

최종 목표 설정

토양건강 개선계획을 세우기 전에 토양 상황을 평가하여, 얻고자 하는 세부 목표를 결정해야 한다. 대부분 식물은 보통의 토양에서 죽지 않고 자라므로 식물에 더 유익하고 여러분의 요건을 충족시킬 수 있는 세부 목표 수립이 중요하다. 대규모 정원이나 농원은 더 구체적인 계획이 필요하다.

또한 이곳에서 얼마나 오랫동안 정원을 가꿀 계획인지 자문해야 한다. 몇 년 후에 이사한다면, 다음 주인이 고마워할지 모르겠지만 많이 투자할 가치가 없을지도 모른다. 여러분이 풍경식 정원을 만든다고 할지라도 수목을 최대한 크게 키울 필요는 없다. 사실 정원식물들은 영양가 높은 토양보다 낮은 것이 더 낫다. 식물을 평균 이하로 기르고 싶다면 이런 경우에 개선계획에 많은 시간을 할애할 필요가 없다.

먹을거리를 생산하는 농원은 정원과 요구사항이 다르다. 작물을 기르는 시간이 제한적이라서 식물이 평균보다 더 잘 자라야 많은 수확량을 얻을 수 있다. 이러한 상황에선 더 상세한 계획을 세워 개선사항을 실행하는 것이 이윤이 커진다.

작물을 키워 생계를 유지하는 농원의 경우 공간을 최대한 활용하는 것이 중요해진다. 토양 개선에 대한 투자는 식물을 잘 길러 많은 이윤을 얻을 수 있다.

제 17 장

토양건강평가

이 평가를 시작하기에 가장 좋은 시기는 이른 봄이지만 언제든지 가능하다. 첫 번째 단계는 현재 토양 상황을 이해하는 것이다. 토양의 성질이 문제인가? 배수나 무기양분에 문제가 있는가? 이 문제들이 얼마나 중요한가? 자신의 출발점을 알고 있어야만 개선계획을 세울 수 있다.

토양건강평가 양식(부록 A 참조)을 사용하여 현재 상황을 기록한다. 모든 질문에 답하는 것이 이상적이지만, 이미 해당 지역의 토양 조건에 대해 잘 알고 있으며 일부 측정 항목을 건너뛸 수 있다. 예를 들어, 대부분 토양은 염분이 없으므로 나트륨 또는 나트륨흡착비* 검사를 수행할 가

* 나트륨 흡착비(Sodium Adsorption Ratio, SAR)는 Ca^{2+}과 Mg^{2+}에 대한 Na^{+}의 농도비를 기준으로 해 토양에 흡착되는 Na^{+}의 양이온교환용량 점유율을 추정한 것이다. 이것은 관개용수의 나트륨 장해를 평가하는 중요한 지표로 이용된다.

치가 거의 없다.

토양 성질 중 일부는 검사로 알 수 있는데 그 검사가 최선인지 혹은 그렇게 해야 하는지에 대해 다들 동의하는 것은 아니다. 나는 제한된 경험과 장비가 부족한 일반 정원사가 쉽게 수행할 수 있는 토양검사 방법을 선택했다. 만약 여러분이 다른 검사를 선호한다면, 여러분의 방식대로 양식을 바꾸길 바란다. 토양검사 대부분은 이 책의 관련 부분에서 자세히 설명하고 있으며, 부록 A 양식의 페이지 번호를 참조하면 된다.

검사별로 3가지 값을 기재할 수 있는데 현재값, 이전값 및 등급이다. 현재값은 토양검사를 완료한 시점의 결과이므로 맨 위에 날짜를 적어놓는다. 양식을 처음 쓸 때는 이전값은 알 수 없지만, 이후 몇 년 후에는 이전의 평갓값이 된다. 따라서 시간 경과에 따른 값을 비교할 수 있다. 등급은 검사별 현재 결과를 분류하는 간단한 번호체계인데 양호 = 1, 보통 = 2, 개선 = 3으로 적는다. 이것으로 문제가 있는 구역을 빠르게 알 수 있게 한다.

토양 화학성 실험

화학성 실험에는 몇 가지 선택이 가능하다. 직접 검사를 할 수 있는 각종 키트와 계측기를 구매할 수 있지만, 가든 센터에서 파는 저렴한 것들은 성능이 별로 좋지 않아 엉뚱한 결과를 보여주는 경우가 있으니 유의해야 한다.

전문 토양분석 실험실에서 토양시료를 검사하는 것이 훨씬 좋다. 해당 지역에서 분석 가능한 실험실을 조사하고, 그 토양유형에 익숙한 실험실을 선택하기를 바란다. 토양유형에 따라 다른 분석 절차를 쓰기 때문이다. 그 지역의 토양유형에 익숙한 지역의 실험실에 토양분석을 의뢰하는 것이 가장 바람직하다. 매년 같은 실험실을 이용해야 하며, 서로 다른 실험실의 연간 검사 결과를 비교하는 것이 어려울 수 있다.

토양시료 채취지침

대부분 실험실에서 토양시료 채취에 대한 지침을 제공하는데 이것을 따라야 올바른 결과를 얻을 수 있다. 이것이 없다면 다음 일반 지침을 따르기를 바란다.

실험실에 분석을 의뢰할 토양시료 개수를 결정한다. 대부분의 소규모 정원은 1개면 충분한데 그럴만한 이유가 있다. 시료 2개를 의뢰한다면 특정 이유가 있어 시료채취 구역을 나눌 것인가? 이것이 모호하다면 2개 이상의 시료를 보내는 것은 의미가 없다.

2개 이상의 시료를 의뢰하는 몇 가지 이유는 다음과 같다.

- 정원 구역을 과거부터 완전히 다르게 관리하였다.
- 토성이 여러 부분에서 확연히 다르다.
- 틀밭을 이용하고 있으며, 각 틀밭이 특정 작물에 맞게 특화되어 있다.
- 식물이 잘 자라지 않는 문제의 구역이 있다.
- 표토와 심토를 나눠 모두 분석하려고 한다.

토양시료를 채취하기 가장 좋은 시기는 봄이며, 다음으로는 가을이다. 토양에 비료와 석회를 뿌리기 전에 시료를 채취해야 한다. 지퍼백처럼 깨끗한 주머니나 용기에 시료를 담는 것이 중요하다. 전체 지역에 대해 평균적인 결과를 얻으려면 여러 곳에서 조금씩 시료를 채취하여 서로 섞어 1개의 시료를 만들어야 한다. 즉, 대부분의 주택 정원에서는 5~10곳에서 채취해 최종 시료를 만들고, 더 넓은 지역에서는 15곳이 적합하다. 각 지점에서 같은 양의 토양을 채취하여 잘 혼합하여, 토양검사를 위한 최종 시료를 만든다.

지표면에 멀치나 식물 잔여물, 살아있는 식물체를 먼저 제거하여 토양만 채취한다. 또 돌덩이나 큰 뿌리나 나무조각 등을 제거한다.

지표면과 그 아래 토양을 포함한 약 15cm 깊이로 토양을 채취한다. 토양수분이 많으면 시료를 건조한 후에 포장한다. 신문지 위에 토양을 펼쳐 놓으면 쉽게 토양이 건조된다.

제18장

토양건강 실행계획

토양건강평가 양식은 현 토양 상태에 대한 정보를 제공한다. 3등급으로 평가된 항목은 명확히 문제가 있다. 2등급은 개선하면 토양이 더 좋아지지만, 우려할 만한 상태는 아니다. 1등급은 개선할 필요가 없다.

상당히 빠르게 일부 토양 문제를 개선할 수 있다. 토양에 특정 영양소가 부족하면 그 영양소를 시비하여 문제를 해결할 수 있다. 매년 이 작업을 해야 할 수도 있지만, 빠른 해결책이다. 유기물 수준이 낮거나 지렁이 개체수가 적다는 문제는 다른 항목보다 빨리 개선하기 힘들다. 지금 할 수 있는 일도 있지만, 3등급을 1등급으로 개선하려면 몇 년의 노력이 필요할 수 있다.

몇 가지 손쉬운 단기와 중장기 해결책으로 나눠서 접근하는 것이 바람직하다. 단기 해결책은 바로 시작해 개선 효과를 끌어내고, 중장기 해결책도 시간이 오래 걸리는 만큼 당장 시작해야 한다. 여러분이 빨리 시작할수록 토양 문제는 더 빨리 개선될 것이다.

다음 단계는 3등급 문제 중 몇 개나 즉시 해결할 수 있는지 판단하는 것이다. 모든 작업을 동시에 수행할 필요는 없다. 시간과 재정 상태를 모두 평가하여, 지금 당장 얼마나 많은 문제를 해결할 수 있는지 결정한다.

다음 표는 토양 성질을 얼마나 빨리 개선할 수 있는지에 대해 알려준다. 이 정보를 통해 실행계획에 대한 현실적인 목표를 세운다.

토양 성질에 대한 개선 가능성

변경하기 어려움	비교적 쉽게 변경 가능	천천히 변경할 수 있음
토성	토양구조	유기물량
지형	배수	토양다짐
기후	비옥도	생물학적 활성도
	토양 pH	수분 보유

토양건강평가

평가 항목의 토양 문제와 해결 가능한 조치사항을 토양건강평가 양식과 같은 순서로 아래에서 설명하고 있다.

비교적 간단한 해결책은 가장 가능성이 큰 문제의 원인에 초점을 맞추고 있다. 모든 상황이 다르고, 세부적인 해결책은 더 복잡할 수 있다. 시간을 내어 토양문제를 이해하고, 더 상세하게 정보를 제공하는 문헌을 읽은 다음에 여러분의 토양에 가장 적절한 해결책을 적용하기 바란다.

양이온교환용량

양이온교환용량CEC은 여러분이 쉽게 변경하기 어려운 토성의 큰 기능이다. 식질토는 높은 CEC값을 가져 아마도 문제가 되지 않지만, 사질토는 지나치게 낮아 문제가 된다. CEC를 높이는 가장 좋은 방법은 토양에 유기물을 집어넣는 것이다. 유기물 수준을 높이려면 바로 아래 내용을 참고하기 바란다.

유기물

자연계는 수천 년에 걸쳐 조금씩 토양의 유기물을 늘려왔다. 이 속도를 높이기 위한 조치를 할 수 있는데 느린 과정이라서 가능한 한 빨리 시작해야 한다.

기존 식재지에 유기물량을 늘리는 가장 좋은 방법은 유기질 멀치를 쓰는 것이다. 퇴비와 두엄은 유기물량을 빨리 늘리는 데 좋지만, 잡초를 막지 못한다. 잡초 방제에 목재칩이 흔히 쓰이지만, 분해가 늦어 유기물량을 늘리는 데는 느린 방법이다.

새로운 식재지나 텃밭에서는 퇴비나 두엄을 몇 cm를 뿌려 토양에 섞어준다. 토양 교란은 토양건강에 좋지 않은데 이런 유기물 공급은 이를 개선하는 절충안이 된다. 처음 식재지를 만들 때 유기물을 투입하는 것이 가장 좋고, 몇 년 후에는 멀치로 유기물 수준을 유지하기 바란다.

토양 pH

너무 높거나 낮은 pH값은 교정할 수 있으므로 재배식물에 적합한 값으로 교정한다. 대부분 식물은 pH 5.5와 8.0 사이가 생육에 적당하며,

이 범위를 벗어나는 경우가 아니면 pH를 미세하게 교정하지 않아도 좋다. 산성 토양을 선호하는 식물은 6 이하의 pH가 적합하다.

석회를 써서 pH를 올린다. 사용하는 양은 완충 pH값에 따라 달라진다. 토양검사의 권장사항을 따라 교정한다. 높은 pH를 낮추기 위해 유황을 사용하고, 이를 유지하기 위해 매년 뿌려야 한다.

나트륨흡착비

나트륨흡착비SAR 값이 높으면 나트륨 함량이 높다는 것을 의미하며, 이는 떼알 형성을 방해한다. 문제가 된다면 우선순위 목록의 맨 위에 있어야 한다.

첫 번째 단계는 나트륨이 높은 이유를 파악한 다음 그 문제를 해결하는 것이다. 원인으로 바닷물 지하수위가 높거나 바닷물로 관개했을 가능성이 있다.

다음 단계는 토양에 석고를 혼합하는 것인데 이것으로 점토의 나트륨 이온을 칼슘 이온으로 대체할 수 있다. 토양분석 실험실은 석고 사용량에 대한 정보를 제공할 것이다.

무기양분 수준

실험실의 조언에 따라 무기양분 수준을 비교적 빠르게 개선할 수 있다. 보통 합성비료를 추천해주는데 유기질을 선호한다면 부족한 영양소를 공급할 수 있는 유기질 개량재를 찾아 시비한다.

대부분 유기질 영양 공급원은 반응이 느리다는 사실을 꼭 기억하라. 이 유기질 개량재가 식물들이 흡수할 수 있는 영양소 형태로 바뀌는 데 몇 년이 걸릴 수 있다. 시중에 팔리는 암석가루와 같은 개량재는 식물이 이익을 얻는 데는 너무 오랜 시간이 걸릴 수 있다.

고농도 나트륨

높은 나트륨 수치를 해결하기 위해서는 나트륨이 왜 높은지 알아야 한다. 지하수위가 높은지, 토양수분 증발률이 높고 지하수에 나트륨이 많이 들어있는지, 관개에 바닷물을 썼는지 등 그 원인을 알아야 한다.

고농도 나트륨 원인을 파악했다면 다시 발생하지 않도록 조치한다. 나트륨 성분은 물에 잘 녹아 토양에서 씻어내기 꽤 쉬우므로 빗물 등의 민물로 제거한다. 고농도 나트륨이 문제라면 정기적인 관개 작업을 시작하기 바란다.

떼알구조 안정성

떼알구조를 촉진하는 것과 같은 방법을 써서 떼알구조 안정성을 향상한다.

토양다짐

토양다짐은 단기적으로 개선하기 어렵다. 단단하게 굳어진 토양다짐이 있을 때는 회전식 갈아엎기rototilling 또는 파서 뒤집기cultivating를 실시하고, 더불어 유기물 투입으로 빠르게 개선할 수 있다. 가장 좋은 방법은 토양에 유기물을 투입하고 멀치로 토양다짐을 막는 것이다. 그런 다음 식물과 토양생물이 시간이 지남에 따라 공극율을 늘려 토양다짐을 완화한다.

젖은 토양은 경운하거나 밟지 않는 등 최대한 건드리지 않아 다짐이 되지 않도록 한다.

떼알구조

토양의 떼알구조는 직접적으로 개선할 수 있는 것이 아니다. 이것은 건강한 토양 미생물에 의해 만들어지기 때문이다. 미생물 활성화에 유리한 토양환경을 유지하면 떼알구조가 발달하는데 즉, 유기물을 늘리고 경운을 줄이며 토양다짐을 개선해야 한다.

지렁이 수

지렁이는 죽은 유기물과 미생물을 먹고 살고, 이 물질들을 토양 속에서 뒤섞는 역할을 한다. 지표면에 식물쓰레기를 덮어 유기물량을 늘리고, 멀치를 깔아 지온을 서늘하게 유지하여 지렁이 서식에 유리한 환경을 만들다. 경운 감소와 토양다짐 방지 또한 지렁이 개체수 증가에 긍정적인 영향을 미친다.

맨땅

맨땅(나지)은 간단하게 개선할 수 있는 문제이다. 토양 위에 더 많은 식물쓰레기를 남겨둔다. 기존 정원에서는 목재칩이나 두엄 등의 유기질 멀치를 덮는다. 텃밭에서는 묘종을 심거나 씨앗이 싹트면 바로 짚 같은 멀치를 깐다. 휴경할 때는 항상 지표면을 멀치로 덮어놓는다.

경반층

딱딱하게 굳은 경반층은 물이 토양 속에서 이동하는 것을 막고, 식물 뿌리가 깊게 자라는 것을 방해한다. 얕은 곳에 있는 경반층은 우선해서 개선해야 한다.

전문가와 상담하여 이 문제의 가장 좋은 해결책을 찾아야 한다. 문제를 해결하기 전에 먼저 경반층의 심각성과 그 원인을 파악하는 것이 중요하다.

투수

투수율percolation rate은 토성에 기반하므로 쉽게 향상하기 어렵다. 하지만 떼알구조를 촉진하고 다짐 정도를 낮추면, 대공극이 늘어나 세립토fine soil의 배수가 개선될 수 있다. 이것은 토양 속에 물이 들어갈 수 있는 공간인 공극율을 늘리는 것이다.

식물 건강

식물 생장이 나쁘다는 점은 토양이 건강하지 않다는 것을 나타낸다. 이 사실은 토양검사로 알 수 없는 문제들을 간접적으로 보여준다는 점에서 중요하다. 표준 화학성 토양검사에서 문제가 발견되지 않으면, 세부화된 토양검사와 식물조직분석을 하여 미량 영양소에 문제가 있는지 확인해야 한다.

살충제 오염은 흔치 않지만, 식물의 생장 불량이나 기형의 원인이 될 수 있다. 저조한 생장은 잘못된 관개, 오염수 사용 등의 관행에서 나타날 수 있다. 이 현상은 보통 전체 식물종에서 나타나며, 특정 종에만 국한되지 않는다.

냄새

냄새 검사는 토양에 있는 공기의 양을 추정하는 간단한 방법이다. 토양 속 공기가 부족하면 혐기성 상태가 되어 시큼한 냄새나 달걀 썩은 냄새가 난다. 반대로 미생물이 활성화된 토양은 기분 좋은 흙내음이 풍긴다.

통기성이 좋고 미생물이 활성화되면 토양 냄새는 개선될 것이다. 이를 위해선 유기물 공급, 다짐 감소, 떼알구조 향상, 토양에 식물이 자라는 상태가 바람직하다.

염류피각

염류피각salt crust은 보통 높은 증발률 때문에 만들어진다. 가장 좋은 해결책은 멀치로 수분 증발을 막고 자주 관개를 하는 것이다.

토양피각

지표면에 얇게 굳어진 피각soil crusting은 토양구조가 불량하거나 안정적이지 않다는 증거이다. 멀치로 상황을 개선할 수 있다. 멀치는 단기적으로는 빗물이 피각을 만드는 것을 막고, 장기적으로는 토양에 유기물을 공급하여 토양구조를 개선할 수 있다.

토양호흡

토양호흡을 통해 미생물 활동을 측정하고, 미생물 개체수를 간접적으로 측정할 수 있다. 낮은 호흡량은 미생물 개체수가 적다는 것을 의미하며, 이는 대개 유기물량이 적다는 결과와 일치한다. 토양다짐과 낮은 영양소 수준 또한 이 문제의 원인이 될 것이다.

멀치, 피복작물 및 윤작輪作으로 유기물량을 높이고 경운을 줄여 미생물을 활성화할 수 있다.

면속옷 토양검사

면속옷 토양검사tighty whitie soil test로 미생물 활동을 측정할 수 있다. 미생물이 많은 토양은 면섬유를 더 빨리 분해할 것이다. 미생물이 적은 토양은 유기물량을 늘리고 토양다짐을 줄이고, 멀치로 지온을 서늘하게 유지함으로써 개선할 수 있다.

실행계획

상기 토양 문제별 해결법을 검토한 후 우선순위가 높은 항목을 선택하고, 부록 B의 실행계획을 작성한다. 표의 조치사항 칸에 수행할 작업을 최대한 구체적으로 작성한다. 그런 다음 작업별 날짜를 기재하여, 각 작업의 완료 시기를 알 수 있게 한다. 이 표로 내년 작업사항을 알 수 있다.

실행계획 후속조치

매년 토양개선계획을 재평가하며, 될 수 있으면 이른 봄에 이것이 이루어지도록 한다. 매년 토양 평가를 완료하고 실행계획을 수립한 후에 후속조치를 수행한다.

실행계획 예제

연도별 실행계획: 2021년 2월

대상지 설명: 뒤뜰 채소밭

문제점	조치사항	날짜
다져진 토양	벽이 없는 1.2m 폭의 틀밭을 만든다. 틀밭 사이 통로의 토양을 깊이 10cm를 파서 틀밭에 넣는다.	3월 15일
	통로는 짚으로 멀칭	3월 15일
낮은 유기물량	틀밭에 8cm 두께의 퇴비를 넣고, 식물을 심기 전에 15cm의 퇴비를 더 추가한다.	3월 15일
	식물을 심은 후 짚으로 멀칭	4월과 5월
낮은 칼륨 함량	유기물을 추가하는 동시에 전체 정원에 질산칼륨 453g를 시비한다.	3월 15일

영양소 부족은 처음 1년 동안에 어느 정도 호전되기 시작하겠지만, 다른 대부분 항목은 개선이 더디게 될 것이다. 여러분이 양질의 토양을 보기까지 10년이 걸릴지라도, 매년 조금씩 개선해야 식물은 그다음 해에 바로 혜택을 받을 것이다.

용어 해설

경반층(硬盤層, hardpan) : 토양 표면 아래에 있는 딱딱하게 굳은 토양층을 말한다. 경반층은 물의 흐름과 이동을 방해하고, 뿌리 생장을 제한하므로 문제가 된다.

고토석회(苦土石灰, dolomitic lime) : 마그네슘 공급뿐만 아니라 산성 토양을 중화하는 석회 물질로 된 탄산염광물이며, 백운석 석회라고도 한다.

공극(孔隙, pore) : 토양의 입자와 입자 사이의 빈틈을 말한다. 자갈과 모래로 섞여 있는 토양은 점토가 많은 식질토보다 공극이 많다. 공극은 토양의 물리성과 밀접하게 관련되는데 공극이 많으면 투수성과 통기성이 좋아지지만, 보수성은 떨어진다.

공극률(孔隙率, porosity) : 토양의 입자와 입자 사이에 있는 빈 틈새를 나타내는 부피로 토양용적에 대한 공극의 비율로 나타낸다.

균근(菌根, mycorrhiza) : 식물 뿌리와 균류(菌類)가 긴밀히 결합하여 공생관계를 형성하는 뿌리를 말한다.

균근균(菌根菌, mycorrhizal fungi]) : 숙주식물과 함께 균근을 형성하여 공생하는 사상균의 일종이다. 뿌리에 침입한 후 식물로부터 생존에 필요한 에너지를 얻어 생활하면서 숙주식물에는 무기영양소 흡수를 원활하게 도와준다.

근권(根圈, rhizosphere) : 식물 뿌리의 생리작용에 영향을 받는 토양 권역을 말한다. 식물 뿌리는 토양에서 수분과 무기양분, 산소를 흡수하면서 탄산가스나 유기물을 생성하고 아미노산, 유기산, 탄수화물 등을 분비한다. 죽은 뿌리는 식물체에서 탈락하여 토양의 유기물원이 된다. 이로 인해 근권 토양의 pH, 유기물량, 미생물이 비근권 토양과 다른 양상을 보인다.

근류균(根瘤菌, rhizobium): 식물의 뿌리에 감염하여 뿌리 피층 세포의 분열과 비대를 촉진하여 뿌리혹을 형성하여, 그 속에서 살면서 대기 질소를 고정하는 세균이며 질소의 순환에 중요한 구실을 한다. 콩과 식물의 뿌리혹박테리아가 특히 유명하며, 리조비움속(Rhizobium屬) 등이 있다.

나트륨성 토양(sodic soil): 나트륨(Na) 함량이 높고, 칼슘과 마그네슘 함량이 낮은 토양이다. 과도한 나트륨은 점토의 음전하와 결합하여 토양구조를 파괴하여 물리성이 불량하다.

나트륨흡착비(Sodium Adsorption Ratio; SAR): Ca^{2+}과 Mg^{2+}에 대한 Na^{+}의 농도비를 기준으로 해 토양에 흡착되는 Na^{+}의 양이온교환용량 점유율을 추정한 것이다. 이것은 관개용수의 나트륨 장해를 평가하는 중요한 지표로 이용된다.

녹비(綠肥, green manure): 식물 줄기와 잎을 비료로 사용하는 것을 말하며, 녹비로 주로 쓰이는 피복작물은 자운영, 토기풀, 알팔파 등이고, 이것은 지표면을 덮고 있어 잡초 발아를 방지하며 토양 침식을 줄인다.

녹사(greensand): 해록석(海綠石, glauconite)을 다량으로 함유한 모래로서 양이온교환용량(CEC) 개선 등에 효과가 있다.

대공극(大孔隙, macropore): 비교적 크기가 큰 공극이라서 토양의 물이 대공극을 따라 쉽게 빠져 비모세관공극이라고 한다. 소공극(또는 미세공극, micropore)은 모세관현상으로 인해 물의 이동이 원만하고 토양수분을 저장하는 역할을 하는 공극(모세관공극, capillary pore)을 말한다.

대두박(大豆粕, soybean oil meal): 대두(콩)에서 기름을 짜고 남은 부산물로 우수한 식물성 단백질이라서 토양 영양소 공급에 유리하다.

두엄(manure): 통상 동물의 배설물, 축사에 까는 짚 등의 재료를 신선한 상태거나 썩힌 것이며, 구비(廐肥)라고 말한다. 퇴비(compost)는 낙엽, 짚 등의 식물 재료를 쌓아 올려 썩힌 것이라서, 두엄과 구분된다. 넓은 범위에서 두엄을 퇴비에 포함하기도 한다.

떼알구조(aggregated structure): 모래, 미사, 점토가 유기물과 서로 뭉쳐서 만들어진 큰 흙덩어리로 입단구조(粒團構造)라고도 한다. 이 구조는 홑알구조보다 토양 물리성이 뛰어나 식물 생장에 적합하다.

리조비움(Rhizobium): 콩과 식물과 공생관계를 맺어 질소고정 뿌리혹을 형성하는 세균이다.

멀치(mulch): 잡초가 무성히 자라는 것을 막고 토양수분 증발을 줄이기 위해 식물 주위에 뿌리는 짚단, 낙엽, 나무 부스러기(목재칩) 따위를 말한다. 그 행위를 멀칭(mulching)이라고 한다.

무기영양소(無機營養素, mineral nutrient): 질소, 인, 칼륨 등의 무기염류로 식물은 뿌리를 통해 물과 함께 흡수한다. 질소, 인, 칼륨, 칼슘, 마그네슘, 황의 다량원소와 철, 망간, 아연, 구리 등의 미량원소로 구분한다.

바이오고형물(biosolids): 하수처리장에서 발생하는 부산물인 하수슬러지로 만들어진 물질이다. 하수슬러지를 단독으로 써서 만들거나 나뭇잎이나 다른 유기물과 함께 섞어 만들기도 한다.

바이오차(biochar): 바이오매스(biomass)와 숯(charcoal)의 합성어로 유기물과 숯의 중간 성질을 갖도록 만든 물질이다. 탄소를 저장하는 동시에 양이온교환용량(CEC)을 늘리는 토양개량재로 쓰인다.

발효(醱酵, fermentation): 산소가 없는 조건(혐기 상태)에서 미생물(효모, 젖산균 등)이 유기물을 분해하여 알코올이나 젖산을 생성해 에너지를 얻는 과정이며 맥주, 요구르트 등과 같은 우리의 생활에 유용한 물질을 만들어낸다. 호기 상태에서 이루어지는 퇴비화(堆肥化) 과정과 차이가 난다.

배수(排水, drainage): 물이 토양의 표면 또는 지하로 빠져나가는 속도를 나타내는 일반적인 용어이다.

보수성(保水性, water retentivity): 토양이 수분을 유지할 수 있는 능력으로 토성에 따라 달라진다. 사질토는 공극이 커서 보수성이 약하나, 식양토는 강하다.

부식질(腐植質, humus): 신선한 동식물의 유기물이 토양에서 변하여 형성된 화학적으로 안정한 고분자량의 물질이다. 거무스름한 빛깔의 부식질이 많을수록 토양 비옥도가 높아진다.

사질토(砂質土, sandy soil): 전반적으로 모래 함량이 높은 토양을 지칭한다. 모래가 많아 물빠짐이 좋지만, 무기영양소가 적은 특징을 보인다. 단, 토성분류의 12가지에 해당하지 않는다.

석회질 토양(石灰質土壤, calcareous soil): 탄산석회나 석회암이 암반층이라서 높은 수준의 탄산칼슘($CaCO_3$)을 토양에 함유하여 알칼리성을 띤다.

소공극(小孔隙, micropore): 모세관현상으로 물의 이동이 원만하고, 토양수분을 저장하는 역할을 하는 공극으로서 모세관공극(capillary pore) 또는 미세공극이라고도 한다.

수지상균근(樹枝狀菌根, arbuscular mycorrhiza): 식물과 공생관계를 형성하는 대표적인 예로서 식물의 영양소 개선, 스트레스 내성 증진, 토양 비옥도 개선에 도움을 준다.

식질토(埴質土, clay soil) : 전반적으로 점토 함량이 높은 토양을 지칭하며, 점질토라고도 한다. 사질토와 달리, 물빠짐이 늦고 물과 무기영양소 저장능력이 뛰어나다.

야자섬유(coir): 코코넛 열매 겉껍질에서 채취하여 만든 거친 섬유로 비교적 탄력성이 있고 가볍고 잘 썩지 않아서 야자매트, 바닥 깔개, 밧줄 등을 만드는 데 쓰인다.

양이온교환용량(cation exchange capacity, CEC) : 점토와 유기물(부식질)은 음전하를 띠기 때문에 양전하를 띤 양이온을 붙잡는다. 식물 생장에 중요한 많은 영양소는 양이온이고, 따라서 이것들을 토양에 담을 수 있는 능력이 중요한 재산이다. 즉, 양이온교환용량(CEC)은 양이온을 보유하는 토양의 능력을 측정하는 척도이다. 높은 CEC는 토양이 더 많은 양이온을 보유할 수 있다는 것을 말하며, 토양 비옥도가 높다는 것을 의미한다.

염류(鹽類, salts): 토양 등에 들어있는 여러 가지 이온성 화합물들을 염류라고 한다. 염화나트륨(NaCl)은 많은 종류의 염류 중 하나이다. 염화나트륨은 보통 소금이라고 부르지만 '염분'이라 한다.

염류토양(鹽類土壤, saline soil): 나트륨, 칼슘, 마그네슘 등의 가용성 이온을 다량으로 가지고 있는 토양을 말한다. 토양수분이 식물 뿌리로 흘러 들어가는 것(수분흡수)이 어려워지고, 심한 경우 뿌리 내부의 수분이 토양으로 빠져나온다. 이런 조건의 식물은 토양수분이 많이 있더라도 탈수로 죽을 수 있다.

용적밀도(容積密度, bulk density) : 1㎥의 토양을 채취하여 이것을 건조하였을 때의 중량을 말한다. 즉, 토양의 주어진 부피에 대한 토양의 건조 중량비이다. 이것은 공극의 부피가 감소함에 따라 증가하므로 토양다짐의 척도가 된다.

유공관(有孔管, perforated drainpipe): 작은 구멍이 나 있는 플라스틱 파이프로서 땅속에 묻어 배수를 촉진하는 용도로 쓴다.

유기물(有機物, organic matter) : 생물에서 유래한 탄소 원자를 함유하는 유기물질을 말한다. 토양에서는 죽은 동식물 또는 미생물을 지칭하기 위해 광범위한 의미로 쓰인다. 나무 조각, 두엄과 같이 썩지 않은 신선한 유기물일 수 있고, 퇴비, 부식질과 같이 분해된 형태일 수 있다.

유기비료(有機肥料, organic fertilizer): 동식물로 만들어져 유기화합물이 함유된 비료를 말한다. 유기비료는 대개 '유기질비료'와 '부산물비료'로 나눈다. 유기질비료는 어박, 골분, 대두박, 계분가공비료, 맥주오니 등으로 만들며, 제조 시에 부숙과정이 따로 필요 없다. 부산물비료는 농림축수산업 등 과정에서 나온 부산물이나 음식쓰레기 등 비료 성능이 있는 물질로 만들며, 부숙과정이 필요하다.

이것을 흔히 퇴비(또는 부숙유기질 비료)라고 부른다.

유용미생물(Effective Microorganisms, EM): 자연계에 존재하는 수많은 미생물 중 유익한 미생물을 조합, 배양한 미생물 복합체를 말한다.

유출(流出, runoff): 축적된 물이 지표면을 따라 흐르고 그 구역을 떠나는 과정을 말한다.

유효수분(有效水分, available water): 식물이 토양으로부터 흡수하여 이용하는 수분을 말하며, 주로 포장용수량과 위조점 사이의 수분량이다.

이탄습지(泥炭濕地, peatland) : 이탄이 쌓여서 만들어진 습지를 말한다. 이탄은 고위도 지방의 춥고 습한 지역에서 죽은 식물들이 미생물 분해가 제대로 이뤄지지 않은 상태로 토양층에 쌓여 만들어진다.

주수수위(宙水水位, perched water table): 땅속에 물웅덩이와 같이 불투수층이 생겨 지하수위보다 높게 형성된 포화층의 수위를 말한다. 이 수위는 계절에 따라 변하는데 때때로 과도한 빗물과 눈이 지하로 흐르면서 배수불량 상태가 되어 문제를 일으킨다.

질소고정(窒素固定, nitrogen fixation): 특정 세균, 남조류, 그리고 방선균이 대기의 질소(N_2)를 생물체가 이용할 수 있는 질소화합물로 전환하는 과정을 말한다. 식물의 질소 영양원을 공급하는 데 중요하다.

침투(浸透, infiltration): 물이 표면에서 토양 속으로 스며드는 과정이며, 지표면 특성에 큰 영향을 받는다.

타감작용(他感作用, allelopathy): 생물체가 다른 생물체의 성장과 생존에 영향을 미치는 화학물질을 생산하는 생물학적 현상이다. 이 타감물질(allelochemicals)은 다른 생물체에 유익하거나 해로운 결과를 가져올 수 있다.

탄질비(炭窒比, C/N비): 유기물 중의 탄소와 질소의 질량비를 말한다. 탄질비

30 이상으로 높은 유기물을 토양에 넣으면 미생물이 갑자기 늘어나 토양 속에 질소를 빼앗아 이용하여 식물은 일시적으로 질소가 부족한 증상이 일어난다. 이를 질소기아현상이라고 한다. 이때 식물의 잎은 누렇게 변하고(황화현상) 생장이 부진해질 수 있으나, 유기물 분해가 어느 정도 마무리되면 이 현상은 사라진다.

토성(土性, soil texture): 토양 알갱이 크기에 따라 모래, 미사, 점토로 나누고 이들의 함량비에 따라 토성이 결정된다. 양토(壤土)는 토양의 수분, 공기, 영양소 등이 알맞아 식물 생장에 적합하다. 반면, 모래 함량이 많은 사질토(砂土)는 토양 수분과 영양소가 적고, 점토가 많은 식질토(埴質土)는 토양 공기가 부족하다.

토성삼각도(土性三角度, textural triangle) : 모래, 미사, 점토의 중량비율에 따라 삼각도 안에 12개 구역으로 나누어져 있어 토성을 결정할 때 이용한다. 토성 분류 기준은 미국농무성법과 국제토양학회법이 있는데 우리나라는 미국농무성법을 더 많이 쓴다.

토양개량재(土壤改良材, soil conditioner): 토양 속에서의 물흐름, 공기의 유통, 수분저장, 양분 증대, 떼알 촉진 등 토양 성질을 개량하는 자재(資材)인 유기질 자재, 무기질 자재, 미생물 자재, 고분자화합물 등의 토양개량제(土壤改良劑)를 총칭해서 토양개량재(土壤改良材)라고 한다.

토양다짐(soil compaction): 토양이 눌러져 공극이 줄어들고 토양밀도(용적밀도)가 높아진다. 이것은 공기와 수분 모두 들어갈 수 있는 공간을 줄인다. 고운 토양은 거친 토양보다 다져지기 쉽고, 젖으면 다짐에 훨씬 더 취약하다.

토양산도(土壤酸度, soil pH): 토양산도는 토양수분 속의 수소이온(H^+)의 수를 의미하며, 0부터 14까지의 숫자로 나타낸다. pH 7을 기준으로 7보다 높으면 알칼리성(H^+이 낮은 수준), 7보다 낮으면 산성(H^+이 높은 수준)이다. 식물 생장에 큰 영향을 미쳐, 토양 성질 지표로 흔히 쓰인다.

토양입자(土壤粒子, soil particle): 토양을 구성하는 다양한 크기의 작은 알갱이를 말하며, 크기에 따라 모래(sand), 미사(silt), 점토(clay)로 나눈다. 모래는 직경

2㎜에서 0.05㎜ 사이의 알갱이를 가리킨다. 미사는 0.05㎜에서 0.002㎜, 점토는 0.002㎜ 이하다.

통기성(通氣性, air permeability): 토양 속에서 발생하는 이산화탄소와 대기의 산소가 교환되는 정도를 말한다. 통기가 불량하면 뿌리털 발달이 나빠져, 수분과 양분 흡수가 떨어지며 식물 생육이 불량해진다.

퇴비(堆肥, compost): 낙엽, 짚 등의 식물 재료를 쌓아 올려 썩힌 것을 말한다. 두엄(manure)은 동물의 배설물, 축사에 까는 짚 등의 재료를 신선한 상태거나 썩힌 것이다. 퇴비와 두엄을 구분하기도 한다.

퇴비차(compost tea): 퇴비 등을 일정한 기간에 물과 혼합하여 조제하는 액상 추출물이다.

퇴비화(堆肥化, composting): 미생물(세균과 진균류 등)을 이용하여 산소가 있는 조건(호기 상태)에서 식물체, 분뇨 등의 유기물을 분해하여 부식물질 등의 토양에 유익한 산물을 만드는 과정이다.

투수(透水, percolation): 침투(浸透, infiltration)와 비슷한 용어지만 물이 토양으로 들어간 후 물의 이동과 더 관련이 있다. 즉, 물이 어떻게 빠르게 토양을 이동하는가를 나타낸다.

피복작물(被覆作物, cover crop) : 토양 침식, 영양소 유실 등을 막기 위해 지표면을 피복하는 식물을 말하며, 생유기물과 영양소를 토양에 공급하기 위해 녹비(綠肥)로 쓰인다.

피트모스(peat moss): 일부 분해된 물이끼 식물체로서 대개 습지나 늪에서 물이끼가 죽어 바닥에 쌓여 습윤한 혐기성 상태에서 분해되어 만들어진다.

합성비료(合成肥料, synthetic fertilizer) : 비료의 3요소(질소, 인산, 칼륨) 등 여러 가지 성분을 화학반응에 의해 인공적으로 합성된 화학비료를 말한다.

혈분(血粉, blood meal) : 도축산업의 부산물로 나온 가축 피를 말린 것으로 비료로 쓴다.

부록 A

토양건강평가

날짜: ______________________________

대상지 설명:

____
____
____
____
____

지난 3년간의 대상지 기록:

____
____
____
____
____

표토 깊이: ______________________________

토성(%): 모래 = 미사 = 점토 =

실험실 측정항목	현재값	등급	이전값
양이온교환용량(CEC) (1=20 이상, 2=5~20, 3=5 미만) [66쪽]			
유기물량(중량, %) (1=4% 이상, 2=2~4%, 3=2% 미만) [103쪽]			
토양산도(pH) (1=5.5~8.0, 3=5.5 미만 또는 8 이상) [42쪽]			
나트륨흡착비(SAR) (1=13 미만, 3=13 이상)			
칼슘(Ca) (1=상당량, 3=매우 낮거나 매우 높음)			
철(Fe) (1=상당량, 3=매우 낮거나 매우 높음)			
마그네슘(Mg) (1=상당량, 3=매우 낮거나 매우 높음)			
인(P) (1=상당량, 3=매우 낮거나 매우 높음)			
칼륨(K) (1=상당량, 3=매우 낮거나 매우 높음)			
나트륨(Na) (1=낮은 양, 3=높은 양)			
황(S) (1=충분한 양, 3=매우 낮거나 높음)			

간이토양검사 항목	현재값	등급	이전값
떼알 안정성 (1=5분 이상 온전한 상태 유지, 2=1~5분 후에 분해, 3=1분만에 분해) [42쪽]			
토양다짐 (1 = 와이어가 30cm 이상 삽입, 2 = 와이어가 20~30cm 삽입, 3=20cm 미만 삽입 [157쪽]			
떼알 정도 (1=양호한 떼알, 2=적은 떼알, 3=떼알 없음 [41쪽]			
지렁이 수(약 28ℓ당 개체수) (1=10 이상, 2=3~10, 3=3 미만) [101쪽]			
맨땅 (1=25% 미만, 2=25~75%, 3=75% 이상)			
경반층 (1=없음, 2=깊이 15cm 미만 경반층 존재, 3=깊이 15cm 이상에 경반층 존재) [159쪽]			
투수 검사 (1=시간당 3~8cm의 값, 2=시간당 8cm의 값, 3=3cm 미만의 값) [162쪽]			
식물 건강 (1=식물이 잘 자람, 2=식물 왜성화, 연두색 잎, 3=생장 불량)			
냄새 (1=짙은 흙냄새, 2=약간 악취, 3=심한 악취)			
염류피각(salt crust) (1=없음, 2=약간 보임, 3=뚜렷함) [153쪽]			

토양피각(soil crusting) (1=피각 없음, 2=일부 피각 보임, 3=표면 전체에 피각이 보임) [153쪽]			
토양호흡 (1=3.5~4, 2=2.5~3.5, 3=2.5 미만) [155쪽]			
면속옷 토양검사 (1=고무밴드만 남음, 2=절반 이상 분해, 3=절반 미만이 남음) [155쪽]			

부록 B

연도별 실행계획

날짜: ______________________________

대상지 설명:

____

____

____

____

____

문제점	조치사항	날짜

찾아보기